"十四五"职业教育国家规划教材

"十四五"职业教育山东省规划教材

电子技术基础与技能
（电类）

主　编　许　军　郑振江
副主编　侯晓光　胥元利　史光义
参　编　宫苏梅　宋　娜　许　敏　张　江

北京理工大学出版社
BEIJING INSTITUTE OF TECHNOLOGY PRESS

内容简介

本书以教育部颁布的《中等职业学校电子技术基础与技能教学大纲》为依据，结合机电技术应用专业人才培养方案及从事相关职业的在岗人员对基础知识、基本技能和基本素质的要求进行编写。书中内容涉及电子技术领域的新知识、新技术、新工艺和新材料。

本书按照"以学生为中心、以学习成果为导向、促进自主学习"思路进行编写，在重视理论的同时突出实操。

本书可作为中等职业学校机电技术应用及相关专业的教学用书，也可作为中等职业学校机电技术应用、电气设备运行与控制、工业机器人技术应用等相关专业及装备制造业相关行业岗位培训的参考用书。

版权专有　侵权必究

图书在版编目（CIP）数据

电子技术基础与技能：电类 / 许军，郑振江主编. -- 北京：北京理工大学出版社，2021.10（2024.2 重印）
ISBN 978 – 7 – 5763 – 0499 – 2

Ⅰ. ①电… Ⅱ. ①许… ②郑… Ⅲ. ①电子技术 – 中等专业学校 – 教材 Ⅳ. ① TN

中国版本图书馆 CIP 数据核字（2021）第 206113 号

责任编辑：陆世立　　**文案编辑**：陆世立
责任校对：周瑞红　　**责任印制**：边心超

出版发行 / 北京理工大学出版社有限责任公司
社　　址 / 北京市丰台区四合庄路 6 号
邮　　编 / 100070
电　　话 / （010）68914026（教材售后服务热线）
　　　　　　（010）68944437（课件资源服务热线）
网　　址 / http://www.bitpress.com.cn

版 印 次 / 2024 年 2 月第 1 版第 3 次印刷
印　　刷 / 定州市新华印刷有限公司
开　　本 / 889 mm × 1194 mm　1 / 16
印　　张 / 12
字　　数 / 240 千字
定　　价 / 35.00 元

图书出现印装质量问题，请拨打售后服务热线，负责调换

前言

党的二十大报告提出："教育、科技、人才是全面建设社会主义现代化国家的基础性、战略性支撑。必须坚持科技是第一生产力、人才是第一资源、创新是第一动力，深入实施科教兴国战略、人才强国战略、创新驱动发展战略，开辟发展新领域新赛道，不断塑造发展新动能新优势。"本书以深入贯彻党的二十大精神为引领，以坚持以人民为中心的教育发展理念为宗旨，以国家战略需求为导向，努力打造适合中等职业教育特点的精品教材，从而推动教育体系高质量发展。

《国家职业教育改革实施方案》提出了"三教"（教师、教材、教法）改革的任务，以解决教学系统中"谁来教、教什么、如何教"的问题。因此，面对基础研究和原始创新不断加强、战略性新兴产业发展壮大，本书的编写根据学生的认知规律、认知特点、个性需求，依据教育部颁布的《中等职业学校电子技术基础与技能教学大纲（电类）》的基本要求，并参照有关的国家职业技能鉴定规范和中级技工等级标准，重新审视和梳理教学计划和课程标准，对教学内容进行系统性重塑和整体性重构，建构以学生为中心的教学内容体系，体现职业教育的性质和特点、体现新时期行业产业发展的需求，又符合职业院校学生的认知规律和技能养成规律。教材对接岗位需求和知识体系需求，内容变得实用、生动、有意义。

1. 坚持守正创新，内容丰富新颖

教材主要设计了基本理论、基本技能、任务测评、历年模拟题（主要是山东省近五年的春季高考模拟题）。另外还有"想一想""做一做""读一读"等内容，不断拓展知识的广度和深度。插图主要以实物为主，让教材内容变得实用、生动、有意义。

2. 坚持立德树人，突出职业引导

本着"实用、够用"原则，按照"以学生为中心、学习成果为导向、促进自主学习"思路进行教材开发设计，将"立德树人、课程思政、党的创新理论"等思政元素有机融合到教材中，在具有立德树人教育功能的同时，突出其职业引导的功能，满足学生发展需求。

3. 坚持规范标准，提升学生职业素养

严格依据国家标准，加强企业主导的产学研深度融合，强化目标导向，深化产教融合。有机融入行业标准与企业标准，培养学生的职业意识与职业素养。

4. 坚持问题导向，培养创新意识

在教材内容中不仅坚持以问题为导向，同时引入了电子技术领域的新知识、新技术、新工艺和新材料。通过学习四新知识，以新的理论知识指导新的实践，不仅培养学生的创新意识，而且增强了其问题意识，从而提出解决问题的新理念、新思路、新办法。在培育创新文化的同时，弘扬科学家精神，涵养优良学风，营造创新氛围。

5. 坚持学思用贯通，践行知行统一

本教材内容安排以操作为主，课后引入必须的理论知识，引导学生自主学习，让学生在思考、实践中学习知识、提升技能，充分体现学生的主体地位，激发学生兴趣，培养学生的学习能力，达到知行统一的目的。

本书包括两部分内容，第一部分为模拟电子技术与技能，包括二极管及其应用、三极管及放大电路基础、常用放大器、直流稳压电源、正弦振荡波电路、晶闸管及其振荡电路六个模块。第二部分为数字电子技术与技能，包括数字电路基础、组合逻辑电路、触发器、时序逻辑电路、脉冲波形的产生与变换五个模块。

本书适用于中等职业学校机电技术应用及相关专业，也可作为中等职业学校相关专业及相关行业岗位培训的参考用书。建议总学时为140学时，其中基础模块84学时，是机电技术应用及相关专业必修的内容，模拟电子技术与技能部分40学时，数字电子技术与技能部分44学时。选学模块56学时，本书中 * 是选学模块，是各专业根据自身专业特点选修的内容，模拟电子技术与技能部分40学时，数字电子技术与技能部分16学时。各部分内容的学时分配建议如下：

教学内容		学时分配建议				合计
		必修学时		选修学时		
		理论教学	实践教学	理论教学	实践教学	
模拟电子技术与技能	模块一	6	4			
	模块二	6	4	4		
	模块三	16	4	10		
	模块四			6	2	
	模块五			6	2	
	模块六			8	2	
合计		28	12	34	6	80

教学内容		学时分配建议				合计
		必修学时		选修学时		
		理论教学	实践教学	理论教学	实践教学	
数字电子技术与技能	模块一	10		2		
	模块二	8	4			
	模块三	6	4	2		
	模块四	8	4			
	模块五			8	4	
合计		32	12	12	4	60

本教材由临沂市理工学校许军、宁阳县职业中等专业学校郑振江担任主编；山东星科智能科技股份有限公司侯晓光、潍坊职业学院胥元利、临沂市工程学校史光义担任副主编；临沂市理工学校宫苏梅、宋娜、许敏，江苏省连云港工贸高等职业技术学校张江参编。

本教材在编写过程中，参考了大量的文献资料，在此向提供这些资料的作者表示衷心的感谢！

由于编者水平有限，书中难免存在错误和不妥之处，恳请广大师生给予批评指正。

编　者

目录

第一部分 模拟电子技术与技能

模块一 二极管及其应用 2
第一单元 二极管 2
第二单元 整流电路 8
第三单元 滤波电路 14
技能实训1 二极管引脚的识别与检测 20
技能实训2 整流、滤波电路的测试 22

模块二 三极管及放大电路基础 28
第一单元 三极管 28
第二单元 三极管基本放大电路 35
*第三单元 多级放大电路 43
第四单元 放大电路中的负反馈 48
技能实训 三极管引脚的识别与检测 52

模块三 常用放大器 56
第一单元 集成运算放大器 56
第二单元 低频功率放大器 62
*第三单元 场效应管放大器 68
*第四单元 谐振放大器 72
技能实训 音频功放电路的安装与调试 75

*模块四 直流稳压电源 79
*第一单元 集成稳压电源 79

* 第二单元　开关稳压电源 …………………………………………………………… 83
* 技能实训　三端可调式集成稳压器构成的直流稳压电源的组装与调试 ………… 87

*模块五　正弦波振荡电路 …………………………………………………………… 90

* 第一单元　振荡电路的组成 …………………………………………………………… 90
* 第二单元　常用振荡器 ………………………………………………………………… 92
* 技能实训　制作 RC 正弦波振荡电路 ………………………………………………… 97

*模块六　晶闸管及其振荡电路 ……………………………………………………… 100

* 第一单元　一般晶闸管及其应用 …………………………………………………… 100
* 第二单元　特殊晶闸管及其应用 …………………………………………………… 106
* 技能实训　制作家用调光台灯电路 ………………………………………………… 108

第二部分　数字电子技术与技能

模块一　数字电路基础 ……………………………………………………………… 112

第一单元　数字电路基础知识 ………………………………………………………… 112
第二单元　逻辑门电路 ………………………………………………………………… 116
*第三单元　逻辑函数化简 …………………………………………………………… 123
技能实训　基本逻辑电路的功能检测 ………………………………………………… 126

模块二　组合逻辑电路 ……………………………………………………………… 130

第一单元　组合逻辑电路的基本知识 ………………………………………………… 130
第二单元　编码器 ……………………………………………………………………… 134
第三单元　译码器 ……………………………………………………………………… 138
技能实训　制作 3 人表决器 …………………………………………………………… 143

模块三　触发器 ……………………………………………………………………… 148

第一单元　RS 触发器 ………………………………………………………………… 148
第二单元　JK 触发器 ………………………………………………………………… 152
*第三单元　D 触发器 ………………………………………………………………… 154
技能实训　制作 4 人抢答器 …………………………………………………………… 157

模块四　时序逻辑电路 …………………………………………………………………… 161
　　第一单元　寄存器 ……………………………………………………………………… 161
　　第二单元　计数器 ……………………………………………………………………… 165
　　技能实训　制作秒计数器 ……………………………………………………………… 170

***模块五　脉冲波形的产生与变换** ………………………………………………………… 173
　　*第一单元　常见脉冲产生电路 ………………………………………………………… 173
　　*第二单元　时基电路的应用 …………………………………………………………… 176
　　*技能实训　555 时基电路的应用 ……………………………………………………… 180

参考文献 ……………………………………………………………………………………… 184

第一部分 模拟电子技术与技能

电子技术早已融入人类的生活，电子技术的存在与发展使人们的生活变得多姿多彩。模拟电子技术是信息电子技术的重要组成部分，其主要任务是在传授有关模拟电子技术基本知识的基础上，培养学生分析和设计模拟电路的能力。

模拟电子技术的知识点多、概念性强，因此，本部分以模拟电子技术中最基础、最经典的部分作为基本内容，在强调基础性的同时，突出课程的实用性。

模块一

二极管及其应用

由于半导体器件具有体积小、重量轻、使用寿命长、输入功率小和转换率高等优点，因而在现代电子技术中得到广泛的应用。二极管是最简单的半导体器件，它由半导体材料制成，其主要特性是单向导电性。

第一单元 二极管

一、单元导入

二极管是电子设备中常用的器件之一，在手机充电器、电视机面板等电器中经常见到。二极管在电子电路中可用于检波、整流、开关、稳压和电平显示等。

二、单元目标

（一）知识目标

（1）理解二极管的结构、图形符号、特性、主要参数。
（2）理解常用二极管的外形特征、功能及应用。
（3）掌握二极管极性及性能优劣的判别方法。

（二）技能目标

（1）能够识别二极管的引脚极性。
（2）能够用万用表判别二极管的极性及性能优劣。
（3）能够根据电路需要选择合适的二极管。

（三）素养目标

（1）培养学生的学习兴趣和自主学习能力。

（2）培养学生的安全意识和规范意识。

（3）培养学生严谨规范、精益求精的工匠精神。

三、知识链接

（一）PN 结及其特性

在纯净的半导体材料（硅或锗）中掺入五价元素（如磷）形成以负电荷（自由电子）导电为主的 N 型半导体。如果掺入的是三价元素（如铝），则形成以正电荷（空穴）导电为主的 P 型半导体。

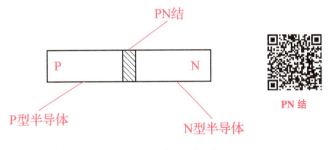

图 1-1-1　PN 结示意图

将 P 型半导体和 N 型半导体用特殊工艺结合在一起，在它们的交界处会形成一种特殊的薄层，这个薄层称为 PN 结，其示意图如图 1-1-1 所示。PN 结具有特殊的单向导电性，即电流只能从 P 区流向 N 区，它是构成各种半导体器件的基础。

职教高考模拟题

PN 结具有单向导电性，即电流只能是（　　）。

A. 从发射区流向集电区　　B. 从 P 区流向 N 区

C. 从 N 区流向 P 区　　　　D. 从集电区流向发射区

（二）二极管的构造及特性

1. 结构及电路符号

由 PN 结的 P 区和 N 区各接出一条引线，再封装在管壳里，就形成一个二极管（VD），其结构如图 1-1-2（a）所示。由 P 区引出的电极为正极（阳极），N 区引出的电极为负极（阴极），其图形符号如图 1-1-2（b）所示。

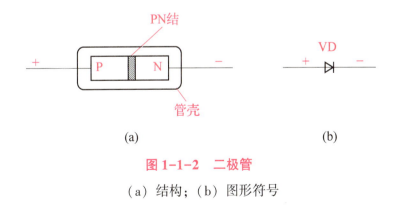

图 1-1-2　二极管

（a）结构；（b）图形符号

职教高考模拟题

稳压二极管的文字符号是（　　）。

A. VD　　　　B. VZ　　　　C. VT　　　　D. VS

2. 特性

1) 单向导电性

将一只二极管 VD 与一只 2.5 V 的指示灯 HL，按图 1-1-3 所示的二极管连接电路进行连接。二极管 VD 的正极通过开关 S 与一个 3 V 的电源（两节干电池）正极相连，负极通过指示灯 HL 与电源负极相连。正向连接电路如图 1-1-3（a）所示。合上开关 S，观察指示灯 HL 情况。

如果将二极管 VD 的负极通过开关 S 与电源的正极相连，正极通过指示灯 HL 与电源负极相连，反向连接电路如图 1-1-3（b）所示。合上开关 S 观察指示灯情况。

二极管的单向导电性

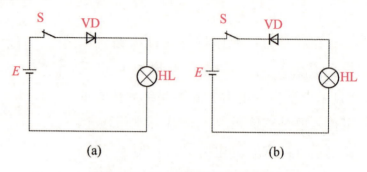

图 1-1-3　二极管连接电路
（a）正向连接电路；（b）反向连接电路

通过以上实验表明：将二极管的正极接电路中的高电位（或电源正极），负极接低电位（或电源负极），其为正向偏置（正偏）。此时二极管内部呈现为较小的电阻，有较大的电流通过，二极管的这种状态称为正向导通状态。

将二极管的正极接电路中的低电位（或电源负极），负极接高电位（或电源正极），其为反向偏置（反偏）。此时二极管内部呈现为很大的电阻，几乎没有电流通过，二极管的这种状态称为反向截止状态。

通常我们认为理想二极管的正向电阻为零，反向电阻为无穷大。

2) 伏安特性

二极管两端的电压和流过二极管的电流之间的关系称为二极管的伏安特性。描述二极管伏安特性的曲线称为二极管的伏安特性曲线，如图 1-1-4 所示。

二极管的伏安特性曲线

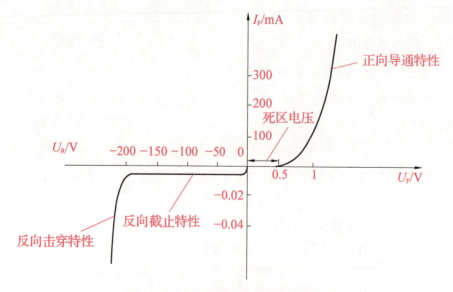

图 1-1-4　二极管的伏安特性曲线

(1) 正向特性。

①正向截止特性。

当二极管两端的正向电压较小时，其内部呈现的电阻很大，基本上处于正向截止状态，这个状态呈现在二极管的伏安特性曲线上的区域称为正向特性的"死区"。一般硅二极管的"死区"电压约为 0.5 V，锗二极管的"死区"电压约为 0.2 V。

②正向导通特性。

当正向电压超过"死区"电压后，二极管的内部电阻变得很小，处于导通状态，电流随电压按指数规律增长，即正向电压只要稍微增加一点，电流就会增加很多。二极管导通后两端电压降基本保持不变，此时其两端的正向电压称为正向管压降。硅二极管的正向管压降约为 0.7 V，锗二极管的正向管压降约为 0.3 V。

(2) 反向特性。

①反向截止特性。

当二极管加反向电压时，仍然会有反向电流流过二极管，称其为漏电流。小功率管的漏电流很小，在微安级范围内，而且在很大范围内，基本不随反向电压的变化而变化。

②反向击穿特性。

当二极管两端的反向电压超过某一规定数值时，反向电流突然急剧增大，这种现象称为反向击穿现象，对应的电压称为反向击穿电压。

实际应用时，普通二极管所加的反向电压一定要低于击穿电压，并且留有充足的余量，否则可能发生击穿而损坏二极管。而稳压二极管是一种工作在反向击穿区的特殊二极管，必须工作在这一区域。

> **职教高考模拟题**
>
> (1) 用万用表测得普通二极管的正极电位是 -5.7 V，负极电位是 -5 V，该二极管的工作状态是（　　）。
>
> A. 正向击穿　　　　B. 反向击穿　　　　C. 截止　　　　D. 导通
>
> (2) 硅和锗二极管的死区电压约为（　　）。
>
> A. 0.7 V　0.3 V　　　　　　　　　　B. 0.3 V　0.5 V
>
> C. 0.5 V　0.2 V　　　　　　　　　　D. 0.3 V　0.7 V

3. 主要参数

1) 最大整流电流 I_{FM}

最大整流电流是指二极管长时间正常工作时，允许通过的最大正向平均电流。若超过此值，二极管可能因过热而造成永久性损坏。需特别指出的是，大功率二极管如果散热不好，其最大整流电流值要下降，故使用时要注意。

2）最高反向工作电压 U_{RM}

最高反向工作电压是指二极管工作时不被反向击穿，两端允许外加的反向电压的峰值。一般规定反向击穿电压的一半为最高反向工作电压，以确保二极管安全工作。

3）最高工作频率 f_M

最高工作频率是指保证二极管正常工作的最高频率。一般小电流二极管的最高工作频率高达几百兆赫，而大电流整流管的最高工作频率仅几千赫。

（三）二极管的类型

二极管的种类非常多，其特性不一。按所用半导体材料的不同分为硅二极管和锗二极管；按其结构形式的不同分为点接触型、面接触型和平面型；按外壳封装的不同分为塑料封装、金属封装、玻璃封装；按功能应用的不同分为普通二极管、整流二极管、稳压二极管、发光二极管、开关二极管等。常见二极管的种类如表 1-1-1 所示，几种常用的二极管如图 1-1-5 所示。

表 1-1-1 常见二极管的种类

种类	普通二极管	整流二极管	开关二极管	稳压二极管	发光二极管	光电二极管	变容二极管
型号举例	2AP 系列	2CZ 系列	2CK 系列	2CW 系列	LED 系列	2CU 系列	2CC 系列
用途	高频检波	大功率整流	开关电路	稳压电路	显示器件	光控器件	自动调整电路
应用举例	在收音机中起检波作用	将交流电转换为直流电	各种逻辑电路	电视机中的过压保护	显示屏、广告灯箱、景观照明灯	光控开关	用于电视机的高频头中
图形符号	─▷├─	─▷├─	─▷├─	─▷├─	─▷├─	─▷├─	─▷├─

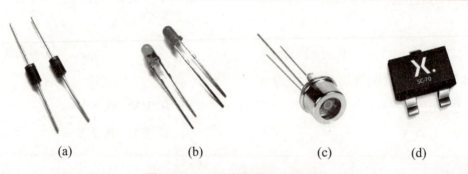

图 1-1-5 几种常用的二极管

(a) 整流二极管；(b) 发光二极管；(c) 光敏二极管；(d) 开关二极管

职教高考模拟题

型号为 2CW 系列的二极管是（　　）。

A. 普通二极管　　B. 整流二极管　　C. 开关二极管　　D. 稳压二极管

（四）二极管的选用

一般根据设备及电路技术要求，查阅半导体器件手册，选用参数满足要求的二极管，在挑选过程中应尽量选用经济、通用、市场上容易买到的半导体器件。具体选用二极管时应注意以下3点。

（1）所选用的二极管在使用时不能超过它的极限参数，特别注意不要超过最大整流电流和最高反向工作电压，并留有充足的余量。

（2）尽量选用反向电流小、性能稳定的二极管。

（3）二极管的型号应根据使用场合的不同来确定。

若用于整流电路，由于工作时平均电流大，则应选用整流二极管；若用于高频检波电路，则应选用点接触型锗二极管；若用于高速开关电路，则应选用开关二极管。

四、巩固与练习

（一）基础巩固

1. 填空题

（1）PN结具有_____性，是构成半导体器件的重要基础。

（2）二极管的基本特性是_____，即加正向电压时_____，加反向电压时_____。

（3）一般硅二极管的死区电压是_____V，正向管压降约为_____V；锗二极管的死区电压是_____V，正向管压降约为_____V。

（4）二极管两端所加的反向电压增大到一定数值后，反向电流会突然增加，这种现象称为_____。

（5）一只二极管的反向击穿电压为200 V，则它的最高反向工作电压约为_____V。

2. 选择题

（1）硅二极管的正极电位是－10 V，负极电位是－10.2 V，则该二极管的工作状态是（　　）。

A. 截止　　　　　B. 导通　　　　　C. 击穿　　　　　D. 饱和

（2）用万用表的电阻挡测量小功率二极管的极性与好坏时，应把电阻挡拨到（　　）。

A. $R\times100$ 或 $R\times1\ k$ 挡　　　B. $R\times1$ 挡　　　C. $R\times10$ 挡

（3）关于理想二极管说法正确的是（　　）

A. 反向电阻很大，正向电阻很小　　　B. 正、反向电阻近似相等

C. 正向电阻为零，反向电阻无穷大　　　D. 正向电阻很大，反向电阻很小

（二）能力提升

简述用万用表判断二极管极性的方法。

第二单元　整流电路

一、单元导入

整流电路是把交流电转换为直流电的电路，主要由整流二极管组成。经过整流电路之后的电压已经不是交流电压，而是一种含有直流电压和交流电压的混合电压，它在直流电动机的调速、发电机的励磁调节、电解、电镀等领域得到广泛应用。

二、单元目标

（一）知识目标

（1）理解整流电路的作用、工作原理及应用。
（2）掌握整流电路的分析方法和计算方法。
（3）了解整流电路在电子技术领域的应用。

（二）技能目标

（1）能够根据电路需要，合理选用整流电路元件的参数。
（2）能够搭接由整流桥组成的应用电路。
（3）能够列举整流电路在电子技术领域中的应用。

（三）素养目标

（1）提升学生的自主学习能力和团队协作意识。
（2）强化学生的安全意识和规范意识。
（3）培养学生细致严谨的职业素养。

三、知识链接

整流电路是直流稳压电源的核心部分，它的作用是利用二极管的单向导电性，将输入的交流电压转换为脉动的直流电压。

（一）整流电路的分类

整流电路按交流电的相数分为单相整流和三相整流；按整流后输出的波形分为半波整流

和全波整流。常用的整流电路有单相半波整流电路和单相桥式整流电路。

（二）单相半波整流电路

1. 电路组成

单相半波整流电路如图 1-1-6 所示，单相半波整流电路由变压器 T、二极管 VD 和负载 R_L 组成。

2. 工作原理

按照图 1-1-6 的电路，将一只变压器、一只整流二极管、一个负载电阻连接成实验电路，并完成以下任务：

（1）用示波器观察变压器输出端电压 u_2、负载两端电压 u_L 的波形，并对其波形进行比较；

（2）用万用表测量变压器输出端电压 u_2、负载两端电压 u_L 大小，比较两者的数值关系；

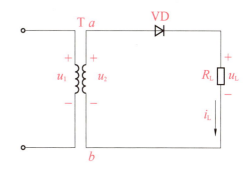

图 1-1-6　单相半波整流电路

（3）交换二极管的正、负极，再次观察比较变压器输出端电压 u_2、负载两端电压 u_L 的波形特点。

通过示波器观察到变压器输出端电压 u_2、负载两端电压 u_L 的波形，单相半波整流电器输入、输出电压波形如图 1-1-7 所示。

（1）在 u_2 正半周，a 端为正，b 端为负，二极管在正向电压作用下导通，电流由 a 经 VD、R_L 到 b。因为二极管正向压降很小，故其负载两端电压 $u_L \approx u_2$。

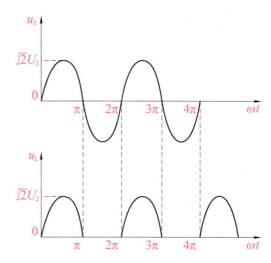

图 1-1-7　单相半波整流电路输入、
输出电压波形

（2）在 u_2 负半周，a 端为负，b 为端正，二极管在反向电压作用下截止，负载中的电流 $i_L = 0$，负载两端电压 $u_L = 0$。

可见，在交流电压的一个周期内，负载 R_L 上只在半个周期有单方向的电流，从而实现了整流，图 1-1-7 中，变压器输出端电压 u_2 为单相正弦波，负载 R_L 上的波形只有正弦波的半个波。

经过多次重复试验，测量可得负载两端电压为变压器输出端电压的 0.45 倍。

3. 单相半波整流电路的计算

（1）负载 R_L 上的直流电压可用其平均值来表示，计算公式为

$$U_{L(AV)} = 0.45 U_2 \qquad (1-1-1)$$

（2）负载 R_L 上通过的直流电流可以由欧姆定律算得为

$$I_L = \frac{U_{L(AV)}}{R_L} = 0.45 \frac{U_2}{R_L} \qquad (1-1-2)$$

4. 电路元件参数选择

1) 变压器的选用

变压器的二次电压与负载要求电压有关，可根据半波整流时两者关系式进行换算，即 $U_2 = \dfrac{U_{L(AV)}}{0.45}$。

2) 二极管的选用

在半波整流电路中，二极管的最大整流电流应大于二极管正向导通时的电流，即 $I_{FM} \geqslant I_L = 0.45 \dfrac{U_2}{R_L}$，其最高反向工作电压（反向耐压值）应大于变压器二次电压的最大值，即 $U_{RM} \geqslant \sqrt{2} U_2$。

> **想一想，做一做**
>
> 请用 Multisim10.0 仿真软件对图示电路进行仿真测试，电路包括一只变压器、一只整流二极管、一个负载电阻，如图 1-1-8 所示。闭合电路后用示波器观察交流输入端电压 u_2、负载两端电压 u_L 的波形，并对其波形进行比较；用万用表测量交流输入端电压 u_2、负载两端电压 u_L，比较两者数值关系；交换二极管的正、负极，再次观察、比较波形特点。
>
>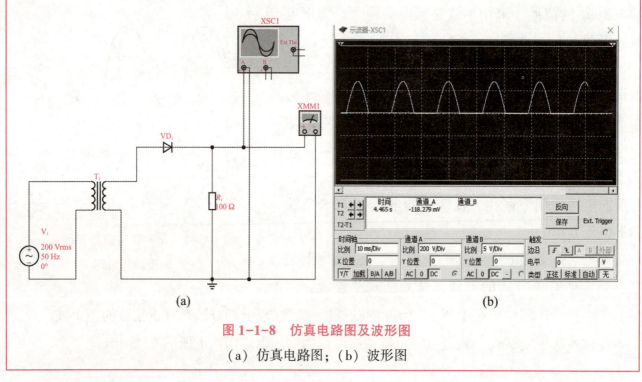
>
> **图 1-1-8 仿真电路图及波形图**
> （a）仿真电路图；（b）波形图

5. 实际应用

虽然单相半波整流电路具有电路简单、使用元件少的优点，但是还具有输出电压脉动很大、效率低的缺点。所以单相半波整流电路只能应用在对直流电压波动要求不高的场合，如蓄电池的充电等。

（三）单相桥式整流电路

1. 电路组成

图 1-1-9 为单相桥式整流电路，它是由变压器 T、4 只整流二极管 VD 和负载 R_L 组成。

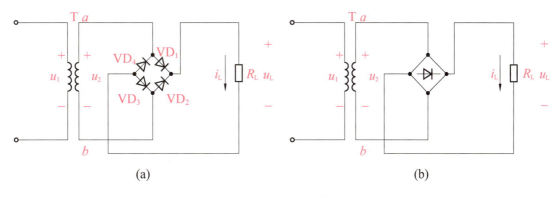

图 1-1-9　单相桥式整流电路
（a）电路原理图；（b）简化电路图

2. 工作原理

按照图 1-1-9 的电路，将一只变压器、4 只整流二极管、一个负载电阻连接成实验电路，并完成以下任务：

（1）用示波器观察变压器输出端电压 u_2、负载两端电压 u_L 的波形，并对其波形进行比较；

（2）用万用表测量变压器输出端电压 u_2、负载两端电压 u_L 大小，比较两者的数值关系。

通过示波器观察到变压器输出端电压 u_2、负载两端电压 u_L 的波形，单相桥式整流电路输入、输出电压波形如图 1-1-10 所示。

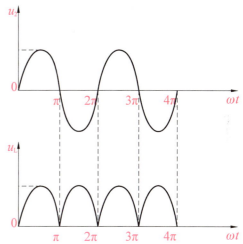

图 1-1-10　单相桥式整流电路输入、输出电压波形

（1）在 u_2 正半周，a 端为正、b 端为负，二极管 VD_1 和 VD_3 在正向电压作用下导通，二极管 VD_2 和 VD_4 在反向电压作用下截止，电流由 a 端，经二极管 VD_1、负载 R_L、二极管 VD_3 流向 b 端，负载 R_L 上得到一个与正半周同向的半波电压。

（2）在 u_2 负半周，a 端为负，b 端为正，二极管 VD_2 和 VD_4 在正向电压作用下导通，二极管 VD_1 和 VD_3 在反向电压作用下截止，电流由 b 端，经二极管 VD_2、负载 R_L、二极管 VD_4 流向 a 端，负载 R_L 上又得到一个与正半周同向的半波电压。

通过多次重复实验，测量可得负载两端电压为变压器输出端电压的 0.9 倍。

3. 单相桥式整流电路的计算

（1）负载 R_L 上的直流电压可用其平均值来表示，计算公式为

$$U_{L(AV)} = 0.9U_2 \qquad (1-1-3)$$

（2）负载 R_L 上通过的直流电流可以由欧姆定律算得为

$$I_L = \frac{U_{L(AV)}}{R_L} = 0.9\frac{U_2}{R_L} \qquad (1-1-4)$$

> **职教高考模拟题**
>
> 在单相桥式整流电路中，一个周期内流过二极管的平均电流是负载电流的（　　）。
> A. 1 倍　　　　B. 2 倍　　　　C. 1.5 倍　　　　D. 0.5 倍

4. 电路元件参数选择

1）变压器的选用

变压器的二次电压与负载要求电压有关，可根据全波整流时两者关系式换算，即 $U_2 = \dfrac{U_{L(AV)}}{0.9}$。

2）二极管的选用

单相桥式整流电路整流时，通过二极管的电流是负载电流的一半，二极管的最大整流电流应大于这个值，即 $I_{FM} \geqslant \dfrac{1}{2}I_L = 0.45\dfrac{U_2}{R_L}$；反向耐压值应不低于交流电的峰值电压，即 $U_{RM} \geqslant \sqrt{2}U_2$。

> **想一想，做一做**
>
> 请用 Multisim10.0 仿真软件对图示电路进行仿真测试，电路包括一只变压器、一个整流桥、一个负载电阻，如图 1-1-11 所示。闭合电路后用示波器观察交流输入端电压 u_2、负载两端电压 u_L 的波形，并将其波形特点与单相半波整流电路输出波形进行比较；用万用表测量交流输入端电压 u_2、负载两端电压 u_L，比较两者数值关系。

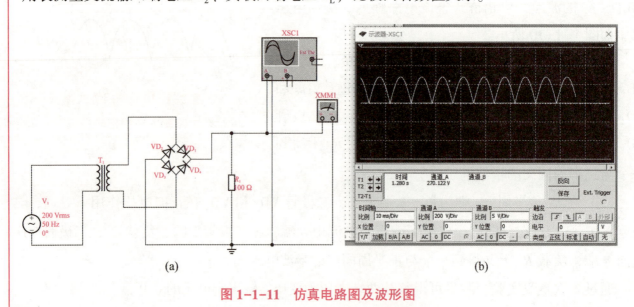

图 1-1-11　仿真电路图及波形图

（a）仿真电路图；（b）波形图

例 1-1-1 有一直流负载,其额定电压为 6 V,额定电流为 0.4 A,如果采用单相桥式整流电路供电,试求电源变压器的二次电压应为多少?应该选择什么型号的二极管?

解:由 $U_{L(AV)} = 0.9 U_2$,可得变压器二次电压的有效值为

$$U_2 = \frac{U_{L(AV)}}{0.9} = \frac{6}{0.9} \approx 6.7 \text{ V}$$

根据二极管选择标准可分别求得通过二极管的最大整流电流和最高反向工作电压为

$$I_{FM} \geq \frac{1}{2} I_L = \frac{1}{2} \times 0.4 \text{ A} = 0.2 \text{ A}$$

$$U_{RM} \geq \sqrt{2} U_2 = \sqrt{2} \times 6.7 \text{ V} \approx 9.4 \text{ V}$$

根据以上求得的参数,查阅整流二极管参数手册,可选择 $I_{FM} = 300$ mA,$U_{RM} = 10$ V 的 2CZ56A 型整流二极管,或者选用符合条件的其他型号二极管。

5. 实际应用

单相桥式整流电路的脉动性比单相半波整流输出的直流电压和电流脉动程度要小,而且电能利用率高,所以广泛应用于整流电路中。但是桥式整流电路复杂,使用不方便。可以将四只二极管按功能集成封装构成一个器件使用,称为整流桥。

常见整流桥外形,如图 1-1-12 所示。其所接交流电源、直流输出引脚都直接标出,选用时应注意它们的额定电流和允许的反向电压要符合整流电路的要求,使用时应认真阅读使用说明书,清楚它们的安装方式和冷却方式以及外引线的极性等。

图 1-1-12 常见整流桥外形

四、巩固与练习

(一) 基础巩固

1. 填空题

(1) 单相半波整流电路中,若变压器二次电压 $U_2 = 100$ V,则负载两端的电压的平均值为 _____ V;二极管的反向耐压值为 _____ V。

(2) 选用整流二极管主要考虑的两个参数是_____和_____。

(3) 单相桥式整流电路中，如果负载电流为 10 A，则流过每只二极管的电流是_____A。

2. 简答题

整流电路的作用是什么？主要由哪些元件组成？

（二）能力提升

图 1-1-9 的单相桥式整流电路中，若出现以下问题，试分析对电路工作产生的影响。

(1) 二极管 VD_1 极性接反。

(2) 二极管 VD_2 由于脱焊开路。

(3) 二极管 VD_3 被击穿短路。

(4) 4 只二极管极性全部接反。

第三单元　滤波电路

一、单元导入

滤波电路一般由电抗元件组成，如在负载电阻两端并联电容 C，或与负载串联电感 L，以及由电容、电感组合而成的各种复式滤波电路。

二、单元目标

（一）知识目标

(1) 理解滤波电路的作用、工作原理及应用。

(2) 掌握滤波电路的分析方法和计算方法。

(3) 了解滤波电路在电子技术领域中的应用。

（二）技能目标

(1) 能够识读电容滤波、电感滤波、复式滤波电路图。

(2) 能够估算电容滤波电路的输出电压。

(3) 能够列举滤波电路在电子技术领域的应用实例。

（三）素养目标

(1) 提升学生的自主学习能力和团队协作意识。

(2) 强化学生的安全和规范意识，提升岗位职业素养。

(3) 提升学生细致严谨、精益求精的工匠精神。

三、知识链接

滤波电路直接接在整流电路后面，它的功能是滤除整流输出脉动电压中的交流分量，从而输出比较平滑的直流电压。常见的滤波电路有电容滤波电路、电感滤波电路、复式滤波电路等。

（一）电容滤波电路

1. 电路组成

电容滤波电路通常是在负载电阻 R_L 两端并联大容量电容 C，主要有单相半波整流电容滤波电路和单相桥式整流电容滤波电路。如图 1-1-13 所示，其中图 1-1-13（a）为单相半波整流滤波电路，图 1-1-13（b）为单相桥式整流滤波电路。

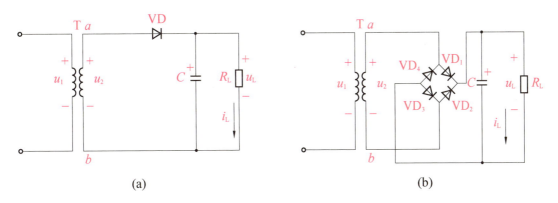

图 1-1-13 电容滤波电路

（a）单相半波整流电容滤波电路；（b）单相桥式整流电容滤波电路

2. 工作原理

按照图 1-1-13 中的电路，将实物连接成实验电路，并完成以下任务：

(1) 用示波器观察变压器输出端电压 u_2、负载两端电压 u_L 的波形，并对其波形与各自的整流电路波形进行比较；

(2) 用万用表测量变压器输出端电压 u_2、负载两端电压 u_L，比较两者的数值关系。加上电容滤波后输出电压脉动程度明显减小。

通过示波器观察到负载两端电压 u_L 的波形，电容滤波电路输出波形如图 1-1-14 所示。

(1) 当输入电压上升到超过电容两端电压时，二极管 VD 导通，向滤波电容 C 迅速充电（同时向负载供电），电容 C 两端电压与负载两端电压 u_L 同步上升并达到其最大值。

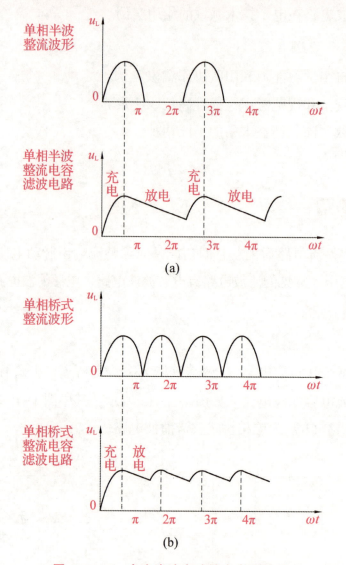

图 1-1-14 电容滤波电路输出电压波形

（a）单相半波整流电容滤波电路输出波形；（b）单相桥式整流电容滤波电路输出波形

（2）当输入电压下降到低于电容两端电压时，二极管 VD 反向截止，于是电容通过负载 R_L 放电，由于负载 R_L 远远大于二极管的正向内阻，所以其放电缓慢，电容两端电压缓慢下降。

3. 负载上的直流电压和电流

（1）单相半波整流电容滤波电路中负载上的电压、电流可以估算为

$$U_{L(AV)} \approx U_2 \tag{1-1-5}$$

$$I_L = \frac{U_{L(AV)}}{R_L} = \frac{U_2}{R_L} \tag{1-1-6}$$

（2）单相桥式整流电容滤波电路中负载上的电压、电流可以估算为

$$U_{L(AV)} \approx 1.2U_2 \tag{1-1-7}$$

$$I_L = \frac{U_{L(AV)}}{R_L} \approx \frac{1.2U_2}{R_L} \tag{1-1-8}$$

职教高考模拟题

（1）直流稳压电源中滤波电路的作用是（　　）。

A. 可变换交流电压大小　　　　　　　B. 将交流电转换为脉动直流电

C. 滤除脉动直流电中的谐波成分　　　D. 将脉动直流电转换为恒压直流电

（2）正常工作的单相半波整流电容滤波电路，若输入电压为 U，则负载两端的电压是（　　）。

A. $0.9U$　　　　　　B. U　　　　　　C. $1.2U$　　　　　　D. $1.4U$

（3）二极管单相桥式整流电容滤波电路，已知电源变压器二次电压为 U_2，负载两端输出电压的平均值 $U_{L(AV)}$ 的估算公式为（　　）。

A. $U_{L(AV)} \approx 1.2U_2$　　B. $U_{L(AV)} \approx U_2$　　C. $U_{L(AV)} \approx 0.9U_2$　　D. $U_{L(AV)} \approx 0.45U_2$

4. 滤波电容的选择

1) 电容滤波的输出电压

单相半波整流电容滤波电路输出电压约为 U_2；单相桥式整流电容滤波电路输出电压约为 $1.2U_2$。

2) 滤波电容的选用

滤波电容的耐压值不小于 $\sqrt{2}U_2$。电容的容量应用满足，$R_L C \geq (3 \sim 5)\, T/2$（$T$ 为脉动电压的周期）。

若采用电解电容，则其正、负极性不允许接反，否则电容的漏电电流会加大，从而引起温度上升使电容爆裂。

想一想，做一做

请用 Multisim10.0 仿真软件对图示电路进行仿真测试，如图 1-1-15 所示。闭合电路后用示波器观察交流输入端电压 u_2、负载两端电压 u_L 的波形，并将其波形特点与单相桥式整流电路输出波形进行比较；用万用表测量交流输入端电压 u_2、负载两端电压 u_L，比较两者数值关系。

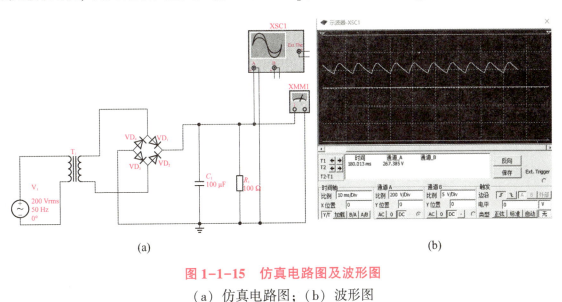

图 1-1-15　仿真电路图及波形图

(a) 仿真电路图；(b) 波形图

5. 实际应用

在电容滤波电路中，电容 C 的容量或负载 R_L 的阻值越大，放电越慢，输出的直流电压就越大，滤波效果也就越好。但电容 C 的容量越大，二极管的导通时间越短，对二极管的要求越高，因此电容容量不宜过大，另外选择二极管时要注意留有余量。

在采用大容量的滤波电容时，接通电源的瞬间充电电流特别大，因此电容滤波电路不适用于负载电流较大的场合。

（二）电感滤波电路

1. 电路组成

电感滤波电路通常是将电感线圈 L 和负载 R_L 串联，单相桥式整流电感滤波电路如图 1-1-16 所示。

2. 工作特点

加上电感滤波后电路输出电压脉动程度明显减小。

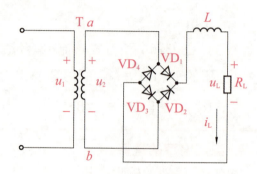

图 1-1-16　单相桥式整流电感滤波电路

线圈的电感量越大，滤波效果越好，但电感量过大的线圈其体积也较大而且笨重，所以电感滤波电路主要用于电容滤波电路难以胜任的大电流负载或负载经常变化的场合，在小功率的电子设备中很少使用。

（三）复式滤波电路

为了增强滤波效果可以采用复式滤波电路，常见的复式滤波电路有 L 型复式滤波电路、LC-π 型复式滤波电路、RC-π 型复式滤波电路。

1. L 型复式滤波电路

L 型复式滤波电路主要有 LC 型复式滤波电路和 RC 型复式滤波电路。

如图 1-1-17（a）所示，LC 型复式滤波电路是由电感和电容组成的。整流后输出的脉动直流经过电感 L 和电容 C 两次滤波，负载上可获得更加平滑的直流电压。在负载电流不大的情况下，为减小体积、减轻重量、降低成本，常用适当的电阻代替电感，组成图 1-1-17（b）所示的 RC 型复式滤波电路。

2. LC-π 型复式滤波电路

为了进一步减小负载电压中的纹波（交流成分），可采用图 1-1-18 所示的 LC-π 型复式滤波电路。由于电容 C_1、C_2 和电感 L 共 3 个元件进

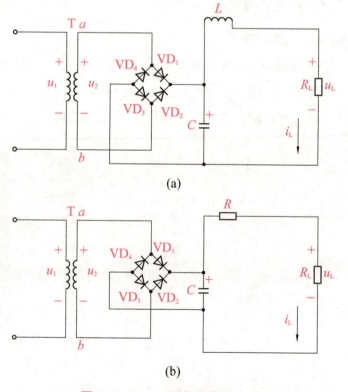

图 1-1-17　L 型复式滤波电路

（a）LC 型复式滤波电路；（b）RC 型复式滤波电路

行3次滤波，所以滤波效果更好，但电感的体积较大、成本较高。

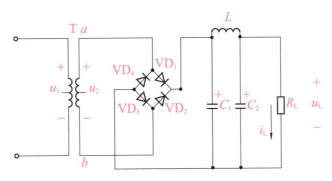

图 1-1-18　LC-π 型复式滤波电路

3. RC-π 型复式滤波电路

当负载电流不大时，可以用电阻代替 LC-π 型复式滤波电路中的电感，构成 RC-π 型复式滤波电路。RC-π 型复式滤波电路的成本低、体积小、滤波效果较好。

四、巩固与练习

（一）基础巩固

1. 选择题

（1）在单相桥式整流电容滤波电路中，如果变压器二次电压 $u_2 = 20$ V，测得负载两端电压 $u_L = 28$ V，则电路可能发生的故障是（　　）。

A. 一只二极管开路　　B. 一只二极管反接　　C. 负载开路　　D. 电容开路

（2）在单相桥式整流电容滤波电路中接入电容滤波器，输出直流电压将（　　）。

A. 升高　　　　　　B. 降低　　　　　　C. 保持不变

（3）在单相桥式整流电容滤波电路中，当变压器输出电压为 20 V，负载电阻为 5 Ω 时，流过二极管电流的平均值是（　　）。

A. 2.4 A　　　　　B. 4 A　　　　　C. 4.8 A　　　　　D. 5 A

2. 简答题

滤波电路的作用是什么？常用的滤波电路有哪些？

（二）能力提升

图 1-1-13（b）图中，已知 $u_2 = 20$ V，若用电压表测得负载两端的电压有（1）28 V；（2）24 V；（3）20 V；（4）18 V；（5）9 V 等 5 种状况，试分析每种电压代表的电路状态以及出现这种状态的原因。

技能实训 1　二极管引脚的识别与检测

 一、任务目标

（一）知识目标

（1）掌握识别与检测二极管引脚极性的方法。
（2）掌握检测二极管性能优劣的方法。

（二）技能目标

（1）能够识别二极管引脚极性，并会用万用表进行验证。
（2）能够用万用表检测二极管性能优劣。

（三）素养目标

（1）培养学生的安全意识和规范意识。
（2）培养学生熟练完成工作任务的能力。

 二、任务要求

通过不同的方式方法判别二极管引脚极性，从而提高学生综合运用知识的能力。

 三、任务器材

指针万用表 1 只、数字万用表 1 只、不同型号的二极管若干。

 四、任务实施

（1）根据封装形式识别所提供的二极管的引脚极性，并做好标注。
（2）分别用指针万用表和数字万用表检测二极管的引脚极性，并与识别结果作比较，看是否一致。

五、知识链接

二极管的识别与检测

1. 根据封装形式识别二极管引脚极性

（1）塑料封装，银色环标记的一端为负极（-）；

（2）玻璃封装，黑色环标记的一端为负极（-）；

（3）金属封装，通常金属外壳为负极（-）；

（4）发光二极管，通过引脚长短识别正、负极，长脚为正极（+），短脚为负极（-）；

（5）贴片二极管，有竖条一端为负极（-）。

2. 用万用表检验二极管的极性或直接判断引脚极性

（1）先将万用表的电阻挡旋钮置于 $R×100$ 或 $R×1k$ 挡，并调零；

（2）用万用表红、黑表笔任意测量二极管两引脚间的电阻值；

（3）交换万用表表笔再测量一次，如果二极管性能良好，则两次测量结果必定一大一小；

（4）在测量中，测得阻值较小的一次数值为正向电阻值，此时黑表笔所接的二极管一端为正极，红表笔所接的二极管一端为负极；因为万用表的黑表笔接表内电池的正极，红表笔接表内电池的负极，所以二极管处于正向导通状态。

3. 用万用表检测二极管的性能优劣

二极管性能的优劣，可以依据单向导电性的测量予以简单的判断，通常使用万用表来检测二极管。根据二极管正、反向电阻阻值的变化，判断二极管的性能优劣。判断标准有以下4点。

（1）正、反向电阻阻值相差越大，性能越好；

（2）正、反向电阻阻值均很大（指针不动），说明二极管内部断路；

（3）正、反向电阻阻值均很小（指针指示为零），说明二极管内部短路；

（4）正、反向电阻阻值相差不大，说明二极管质量不好。

职教高考模拟题

（1）关于二极管说法正确的是（　　）。

A. 二极管有两个 PN 结　　　　　　　B. 二极管的电流与其两端电压成正比

C. 发光二极管不具有单向导电性　　　D. 二极管在一定条件下失去单向导电性

（2）用指针万用表检测普通二极管的极性，操作正确的是（　　）。

A. 选用 $R×10$ 挡　　B. 选用 $R×10k$ 挡　　C. 选用 $R×100$ 挡　　D. 选用 $R×1$ 挡

（3）用万用表的 $R×100$ 挡和 $R×1k$ 挡测量二极管的正向电阻值不一样，原因是（　　）。

A. 二极管是大功率的　　　　　　B. 二极管性能不稳

C. 二极管是非线性器件　　　　　D. 不同倍率测量

六、任务测评

任务测评表如表 1-1-2 所示。

表 1-1-2　任务测评表

知识与技能（70分）				
序号	测评内容	组内互评	组长评价	教师评价
1	1. 判别二极管引脚极性的方法（10分） 2. 检测二极管性能优劣的方法（10分）			
2	1. 用不同方法判别二极管引脚极性（30分） 2. 能够用万用表检测二极管性能优劣（20分）			
基本素养（30分）				
1	无迟到、早退及旷课行为（10分）			
2	具有安全和协作意识、操作规范（10分）			
3	能够熟练完成识别和检测任务（10分）			
综合评价				

七、巩固与练习

（一）基础巩固

如何根据封装形式识别二极管的引脚？

（二）能力提升

日常生活中，还有哪些家用电器中用到二极管？请提交一份图文并茂的调查报告。

技能实训 2　整流、滤波电路的测试

一、任务目标

（一）知识目标

（1）加深理解整流、滤波电路的工作原理。

(2) 掌握手工锡焊五步操作法。

(3) 了解滤波元件参数对滤波效果的影响。

（二）技能目标

(1) 能够焊接整流、滤波电路。

(2) 能够用万用表和示波器测量相关电量参数和波形。

（三）素养目标

(1) 培养学生的安全意识和规范意识。

(2) 培养学生综合运用知识的能力。

(3) 提升学生的团队意识和精益求精的职业素养。

二、任务要求

通过对整流、滤波电路的安装与调试，加深对整流、滤波电路的认识，从而培养学生细致严谨和精益求精的工匠精神。

三、任务器材

指针万用表1只、变压器1只、整流二极管4只、电阻1只、示波器1只。

四、任务实施

(1) 根据1-1-11（b）提供的电路在印制电路板上插装整流、滤波电路。

(2) 焊接、调试整流、滤波电路。

(3) 用万用表测量输入、输出电压值。

(4) 用示波器观察输入、输出电压波形。

(5) 接入滤波电容，用万用表测量输入、输出电压值；用示波器观察输入、输出电压波形。

五、知识链接

（一）焊接工具和材料

1. 电烙铁

电烙铁是手工焊接的主要工具，其作用是提供焊接所需的热源，对被焊金属进行加热并熔化焊锡，促进它们相互熔合，形成紧密的接触。电烙铁的标称功率有 20 W、30 W、50 W、75 W、100 W、150 W、200 W、300 W 等。在实际操作中，应根据需要进行选用。

普通电烙铁按对烙铁头的加热方式可分为内热式与外热式两种，电烙铁如图 1-1-19 所示，其中，外热式电烙铁的加热体套在烙铁头的外部，功率一般为 25～300 W，具有功率大且效率低的特点，适用于大型工件和粗径导线以及金属底板接地焊片的焊接。内热式电烙铁的加热器插在烙铁头的里面，效率较高且功率较小，功率一般为 20～75 W，适用于电子电路元器件的焊接。目前，恒温可调式电烙铁已被广泛使用。

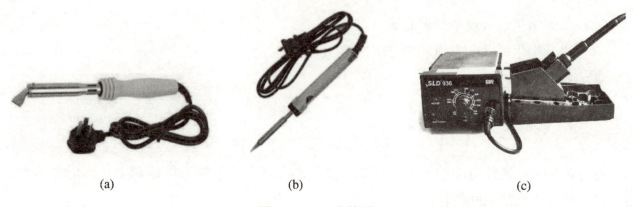

图 1-1-19　电烙铁

(a) 外热式；(b) 内热式；(c) 恒温可调式

2. 烙铁架

烙铁架用来放置电烙铁，防止人员烫伤或烫坏导线，如图 1-1-20 所示。

3. 焊料

焊料是指在焊接时熔化为电子元件与焊盘的填充物，使工件与焊盘紧密相连。在电子工业及电气配线中常用的焊料为焊锡。常见的焊锡有焊锡丝、焊条等，如图 1-1-21 所示。

图 1-1-20　烙铁架

图 1-1-21　焊料

(a) 焊锡丝；(b) 焊条

焊锡的使用方法是在离焊锡头 3～5 cm 的地方，用拇指和食指轻轻捏住，将中指也靠在这上面，使焊锡能自由地供给。

4. 焊剂

焊剂是在焊接时添加在焊点上的化合物，具有除去焊接端子氧化层、在加热中防止金属氧化、使熔化的焊锡表面张力变小、帮助焊锡浸润等作用。电工常用的焊剂有松香、松香混合焊剂、焊膏和盐酸等。在通常的手工电烙铁焊接中，多选用松香作为焊剂。各种焊剂均具有不同的腐蚀作用，焊接完成后须清除残留的焊剂。

（二）手工锡焊五步操作法

手工锡焊五步操作法如图 1-1-22 所示，对于小型元件的焊接可以采用四步操作法。

第一步：准备，一手拿焊锡丝，一手握电烙铁，看准焊点，随时待焊，如图 1-1-22（a）所示。

第二步：加热，烙铁尖先送到焊接处，注意烙铁尖应同时接触焊盘和元件引线，把热量传送到焊接对象上，如图 1-1-22（b）所示。

第三步：送焊锡，焊盘和引线被熔化了的助焊剂所浸湿，除掉表面的氧化层，焊料在焊盘和引线连接处呈锥状，形成理想的无缺陷的焊点，如图 1-1-22（c）所示。

第四步：去焊锡，当焊锡丝熔化一定量之后，迅速移开焊锡丝，如图 1-1-22（d）所示。

第五步：完成，当焊料完全浸润焊点后迅速移开电烙铁，如图 1-1-22（e）所示。

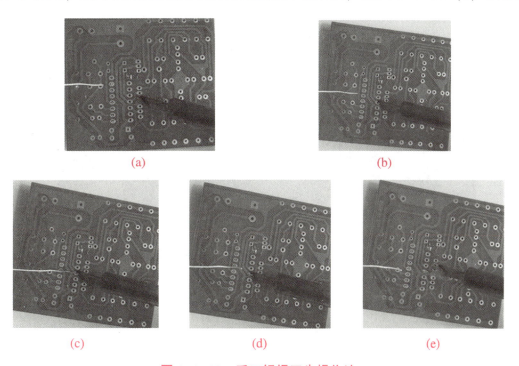

图 1-1-22 手工锡焊五步操作法

（a）准备；（b）加热；（c）送焊锡；（d）去焊锡；（e）完成

电烙铁使用注意事项如下。

（1）使用前，应认真检查电源插头、电源线有无损坏，并检查烙铁头是否松动。

（2）使用中，不能用力敲击，要防止跌落；当烙铁头上焊锡过多时，可用湿布擦掉，不可乱甩，以防烫伤他人；焊接过程中，电烙铁不能到处乱放，当不焊接时，应将其放在烙铁架上，注意电源线不可搭在烙铁头上，以防烫坏绝缘层而发生事故。

(3) 使用后，应及时切断电源，拔下电源插头，待烙铁头冷却后再将电烙铁收回工具箱。

职教高考模拟题

(1) 关于焊接电子元件，说法正确的是（　　）。

A. 焊接过程中，若烙铁头上焊锡过多，则可直接用水洗掉

B. 一般选用标称功率为 100 W 的电烙铁

C. 不可甩动使用中的电烙铁

D. 焊接好后，及时以 250°移开电烙铁

(2) 关于电烙铁的焊接技术，说法错误的是（　　）。

A. 可采用松香作为助焊剂　　　　B. 每个焊点的焊锡越多越好

C. 烙铁头氧化后会影响焊接质量　D. 每次焊接时间不宜过长

（三）示波器

示波器是用来测量和显示被测电压波形的仪器。利用示波器，可以直接观察到被测信号波形的幅值、周期、频率、脉冲宽度及相位等参数。

下面以图 1-1-23 的 YLDS11025 型示波器为例，介绍示波器的使用方法。

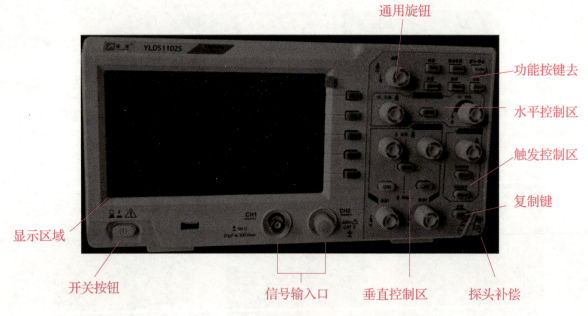

图 1-1-23　YLDS11025 型示波器

(1) 按下开关按钮，对示波器进行使用前的检查、调整（调节亮度和聚焦旋钮，使屏幕上显示一条亮度适中、聚焦良好的水平亮线）和校准（使用示波器本身的校准信号校准）。

(2) 选择合适的通道（CH1 或 CH2），旋转水平控制区和垂直控制区旋钮使亮线处在中心线位置；选择适当的触发方式、耦合输入方式；接入输入信号，按测量要求选择其他按键；调整幅值旋钮及时基旋钮，直到观察到理想的波形。

(3) 关机前的调整。撤去输入信号，使所有的按键处于原始位置，然后关机。

职教高考模拟题

（1）示波器的探头的衰减开关改变的是（   ）。

A. X 轴量　　　　B. Y 轴量　　　　C. X、Y 轴量　　　　D. 都不变

（2）示波器不能实现的功能是（   ）。

A. 测量电信号的周期

B. 测量电信号的峰—峰值

C. 比较两个电信号的波形

D. 测量电路的输入阻抗

六、任务测评

任务测评表如表 1-1-3 所示。

表 1-1-3　任务测评表

知识与技能（70 分）				
序号	测评内容	组内互评	组长评价	教师评价
1	1. 整流、滤波电路的工作原理（10 分） 2. 手工锡焊五步操作法（10 分） 3. 示波器的使用方法（10 分）			
2	1. 能够焊接整流、滤波电路（20 分） 2. 能够用万用表和示波器测量相关电量参数和波形（20 分）			
基本素养（30 分）				
1	具有安全意识和规范意识（10 分）			
2	能够综合运用所学知识（10 分）			
3	能够与同学协作完成实训任务（10 分）			
综合评价				

七、巩固与练习

（一）基础巩固

滤波电容的大小对输出电压有何影响？如果让其输出负电压，电路该如何改装？

（二）能力提升

在实训过程中团队合作有何重要性？如何利用团队合作完成任务？

模块二

三极管及放大电路基础

基本放大电路是放大电路中最基本的结构，是构成复杂放大电路的基本单元。它利用双极型半导体三极管的输入电流控制输出电流的特性，或场效应半导体三极管的输入电压控制输出电流的特性，实现信号的放大。学习基本放大电路的知识是进一步学习电子技术的重要基础。

第一单元 三极管

一、单元导入

三极管又称晶体管，是一种电流控制型半导体器件，在电子电路中实现放大、振荡、开关控制等功能，它分为双极型（三极管）和单极型（场效应管）两种类型。

二、单元目标

（一）知识目标

（1）掌握三极管的结构、图形符号、电流分配关系及放大特点。
（2）了解三极管的输入、输出特性及主要参数。
（3）理解三极管的3种工作状态。

（二）技能目标

（1）能够识别三极管的引脚极性。
（2）能够用万用表判别三极管的极性及性能。
（3）能够在实践中合理使用三极管。

（三）素养目标

（1）提升学生的自主学习能力。
（2）培养学生有效组织和利用时间的能力。

三、知识链接

（一）三极管的结构

三极管是由两个 PN 结组成的，按两个 PN 结组合方式的不同，三极管可分为 PNP 型、NPN 型两类，其结构及图形符号如图 1-2-1 所示。如果两边是 N 区，中间夹着 P 区，则称为 NPN 型三极管；反之，则称为 PNP 型三极管。

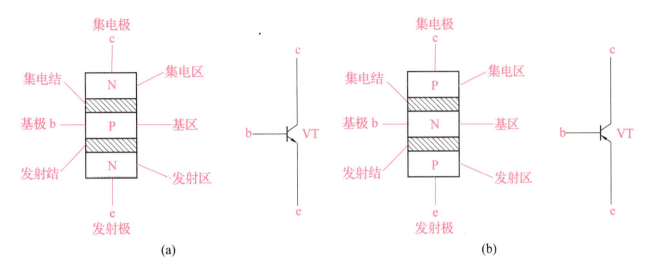

图 1-2-1　三极管的结构及图形符号

（a）NPN 型；（b）PNP 型

无论是 PNP 型还是 NPN 型三极管都可以用锗或硅两种材料制作而成，所以三极管又可分为锗三极管和硅三极管。

（二）三极管的工作状态

1. 三极管的工作电压

要使三极管工作在放大状态，必须给它的发射结加正向电压，集电结加反向电压，图 1-2-2（a）、图 1-2-2（b）分别为 NPN 型和 PNP 型三极管共发射极电路。

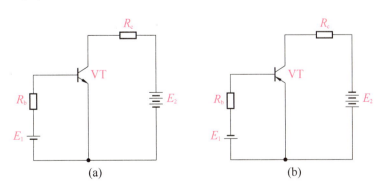

图 1-2-2　三极管共发射极电路

（a）NPN 型；（b）PNP 型

可以看出，NPN 型和 PNP 型三极管的外部电路所接电源的极性刚好相反。

2. 三极管的电流放大作用

三极管的电流放大作用，实质上是用较小的基极电流信号控制较大的集电极电流信号，从而实现"以小控大"的作用。

三极管电流放大作用的实现需要外部提供直流偏置，即必须保证三极管发射结加正向电压（正偏），集电结加反向电压（反偏）。

通过实验来研究三极管的电流放大作用，图 1-2-3 为 NPN 型三极管共发射极电流测试电路，其中电位器 R_P 的作用是改变基极电流 I_B、集电极电流 I_C 和发射极电流 I_E 的大小。

用 Multisim10.0 仿真软件按图 1-2-3 中的电路进行仿真电路连接，调节电位器 R_P 的阻值，控制三极管基极电压，就可以改变基极电流 I_B 的大小，从而引起集电极电流 I_C 的变化。这样，改变电位器 R_P 的阻值就能得到一组集电极电流 I_C、发射极电流 I_E 随极电流 I_B 变化的值。三极管电流放大作用测量数据如表 1-2-1 所示。

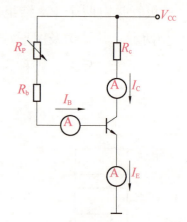

图 1-2-3　NPN 型三极管共发射极电流测试电路

表 1-2-1　三极管电流放大作用测量数据

I/次数	1	2	3	4	5
R_P/kΩ	∞	497	350	287	77
I_B/mA	0	0.022	0.031	0.038	0.132
I_C/mA	0	3.604	4.89	5.69	11.81
I_E/mA	0	3.627	4.921	5.728	11.942

（1）直流电流的分配关系。

从表 1-2-1 中的数据，可以得出三极管各极电流的关系，即发射极电流等于集电极电流与基极电流之和，表达式为

$$I_E = I_C + I_B \tag{1-2-1}$$

（2）电流放大作用。

当改变基极电流时，集电极电流也随之改变，但是集电极电流和基极电流的比值却总为一个常数，三极管的这个特性就叫作电流放大作用。

由表 1-2-1 的数据我们还可以得出以下结论。

① I_C 随着 I_B 变化，I_B 微小的变化能引起 I_C 较大的变化。通常把这个电流变化的比值称为三极管共发射极交流电流放大倍数，用字母 β 表示，即

$$\beta = \frac{\Delta I_C}{\Delta I_B} \tag{1-2-2}$$

② I_C 与 I_B 的比值称为三极管共发射极直流电流放大倍数，用字母 $\bar{\beta}$ 表示，即

$$\bar{\beta} = \frac{I_C}{I_B} \qquad (1-2-3)$$

综上所述，β 与 $\bar{\beta}$ 都表示通过很小的基极电流区控制较大的集电极电流，而且当频率较低时，两者的数值基本相等，一般统称为电流放大倍数，用 β 表示，即

$$\bar{\beta} \approx \beta \qquad (1-2-4)$$

（三）三极管的伏安特性

与二极管相似，三极管各电极电流和极间电压之间的关系可以用曲线形象地来描述，它们是三极管特性的主要表示形式，称为三极管的伏安特性曲线。这些特性曲线主要有输入特性曲线和输出特性曲线。

1. 输入特性曲线

输入特性曲线是指当三极管集电极与发射极间的电压 U_{CE} 为某一定值时，输入回路中基极电流 I_B 和发射结偏压 U_{BE} 之间的关系曲线，如图 1-2-4（a）所示。由于发射结正向偏置，所以三极管的输入特性曲线与二极管的正向特性曲线相似，当 U_{BE} 很小时，$I_B = 0$，三极管截止；只有当 U_{BE} 大于死区电压（硅三极管约为 0.5 V，锗三极管约为 0.2 V）时，三极管才导通，才有基极电流 I_B。导通后发射结正向压降 U_{BE} 几乎不变（硅三极管约为 0.7 V，锗三极管约为 0.3 V）。

三极管的伏安特性曲线

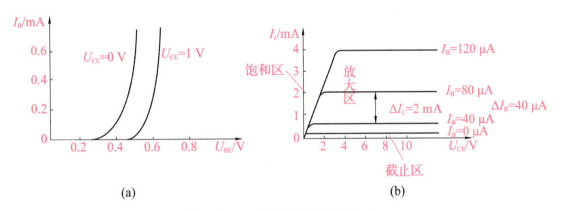

图 1-2-4 三极管伏安特性曲线

（a）输入特性曲线；（b）输出特性曲线

2. 输出特性曲线

输出特性曲线是指当三极管基极电流 I_B 为某一固定值时，输出端集电极电流 I_c 与集电极-发射极间的电压 U_{CE} 的关系曲线，如图 1-2-4（b）所示。输出特性曲线可以分为截止区、放大区和饱和区 3 个区域。

1）截止区

输出特性曲线中 $I_B=0$ 以下的区域称为截止区。工作在此区域的三极管处于截止状态，相当于三极管内部各极开路。要使三极管处于截止状态，U_{BE} 必须小于死区电压。为了使三极管可靠截止，必须使发射结反向偏置，以保证 $I_B=0$。

三极管工作在截止区的条件：发射结反向偏置或零偏，集电结反向偏置。

2）放大区

放大区是指输出特性曲线中位于 $I_B=0$ 以上、特性曲线陡直上升线段以右的区域。在此区域内，各条曲线近似平直等距。其主要特点是 I_C 受 I_B 控制，具有电流放大作用，即 $\Delta I_C = \beta \Delta I_B$；另一特点是具有恒流特性，即当 I_B 一定时，I_C 基本不变，I_C 不受 U_{CE} 的影响。

三极管工作在放大区的条件：发射结正向偏置，集电结反向偏置。

3）饱和区

在放大区以左、纵轴以右的区域是饱和区。该区域内 $U_{CE} \leqslant U_{BE}$，I_C 已不再受 I_B 的控制，三极管失去放大作用。当三极管饱和时 U_{CE} 很小，集电极–发射极间呈现低电阻，相当于一个闭合开关。

三极管工作在饱和区的条件：发射结和集电结都处于正向偏置状态。

> **职教高考模拟题**
>
> （1）下图中处于放大状态的三极管是（　　）。
>
>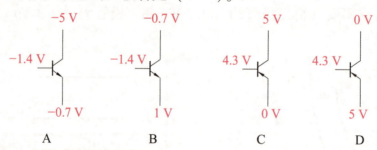
>
> （2）三极管的电流放大作用是指（　　）。
>
> A. 集电极电流很大　　　　B. 发射极电流很大
>
> C. 基极电流很小　　　　　D. 基极电流微小变化引起集电极电流较大变化
>
> （3）三极管工作在饱和状态的特点是（　　）。
>
> A. U_{CE} 很小　　　　B. $I_C=\beta I_B$　　　　C. $I_B=0$　　　　D. $I_C=0$

（四）三极管的主要参数

1. 电流放大系数 β

通常情况下，三极管的电流放大系数 β 值为 20～200 之间。当 β 值太小时，三极管的放大能力差；当 β 值太大时，三极管工作性能不稳定。最常用的 β 值为 60～100 之间。

2. 穿透电流 I_{CEO}

穿透电流是指当基极开路、集电结反向偏置时，集电极与发射极间的反向电流，用 I_{CEO}

表示。

I_{CEO} 随温度的升高而增大，I_{CEO} 越小，三极管性能越稳定。硅三极管穿透电流比锗三极管小，故硅三极管比锗三极管稳定性好。

3. 集电极最大允许电流 I_{CM}

集电极最大允许电流是指当三极管正常工作时，集电极所允许的最大电流，用 I_{CM} 表示。当 I_C 超过一定值时，电流放大系数 β 将下降，如果超过 I_{CM}，则 β 值下降到正常值的 $\frac{2}{3}$ 以下，三极管失去放大价值。

4. 反向击穿电压 $U_{(BR)CEO}$

反向击穿电压是指当基极开路时，加在集电极和发射极之间的最大允许电压，用 $U_{(BR)CEO}$ 表示。若 $U_{CE} > U_{(BR)CEO}$，则三极管将会被击穿而损坏。

5. 集电极最大耗散功率 P_{CM}

集电极最大耗散功率是指当三极管正常工作时，集电极所允许的最大平均功率，用 P_{CM} 表示，若超出此功率值，三极管会被击穿，失去放大能力。P_{CM} 小于 1 W 的三极管称为小功率管，P_{CM} 大于等于 1 W 的三极管称为大功率管。

职教高考模拟题

某三极管的 $P_{CM} = 100$ mW，$I_{CM} = 200$ mA，$U_{(BR)CEO} = 10$ V，可以使该三极管正常工作的参数是（　　）。

A. $U_{CE} = 8$ V，$I_C = 100$ mA　　　　B. $U_{CE} = 2$ V，$I_C = 40$ mA

C. $U_{CE} = 6$ V，$I_C = 20$ mA　　　　D. $U_{CE} = 18$ V，$I_C = 6$ mA

（五）三极管的种类

三极管的种类有很多，功率大小不同的三极管，其体积和封装形式也不同。中、小功率三极管多采用塑料封装；大功率三极管采用金属封装，通常做成扁平形状并有螺钉安装孔，有的外壳和散热器连成一体，便于散热。常见三极管的外形和封装如图1-2-5所示。

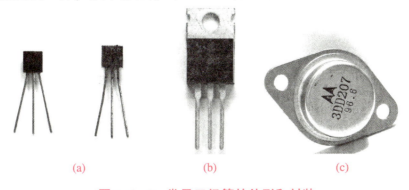

(a)　　　　　　　(b)　　　　　　　(c)

图 1-2-5　常见三极管的外形和封装

（a）小功率塑料封装；（b）大功率塑料封装；（c）大功率金属封装

三极管有多种分类标准，如果按材料分，有硅管和锗管；按功率大小分，有大功率管、中功率管、小功率管；按工作频率分，有高频管和低频管；按用途分，有普通放大管和开关管等，常用三极管的种类如表1-2-2所示。

表 1-2-2　常用三极管的种类

种类	低频小功率三极管	高频小功率三极管	低频大功率三极管	高频大功率三极管	开关管
型号举例	3AX系列、3DX系列	3AG系列、3DG系列	3AD系列、3DD系列	3AA系列、3DA系列	3AK系列、3DK系列
用途	低频小功率放大	高频小功率放大	低频大功率放大	高频大功率放大	开关电路
应用举例	收音机的低频功放部分	收音机的调谐放大部分	扩音器的功放部分	信号发送机的功率放大部分	用于逻辑电路

（六）三极管的选用

在选用三极管时，一要满足设备及电路的要求，二要符合节约的原则。根据其用途的不同，一般应考虑以下两个因素。

（1）根据电路工作频率确定选用低频管还是高频管。低频管的特征频率 f_T 为工作频率的3~10倍以下，而高频管的特征频 f_T 达几十兆赫至几百兆赫甚至更高。在选管时，应使 f_T 为工作频率的3~10倍，原则上高频管可以代换低频管，但是高频管的功率一般都比较小，其动态范围窄，故在代换时应考虑功率条件。

（2）根据三极管实际工作的最大集电极电流 I_{cm}、管耗 P_{cm} 以及电源电压 V_{CC} 选择适合的三极管。要求选用的三极管的 $P_{CM} > P_{cm}$、$I_{CM} > I_{cm}$、$U_{(BR)CEO} > V_{CC}$。

对于三极管的 β 值的选择，不是越大越好。β 值太大容易引起自激振荡，一般三极管的 β 值多选择为40~100。

在实际应用中，选用的三极管的穿透电流 I_{CEO} 越小越好，这样电路的温度稳定性也就越好。

四、巩固与练习

（一）基础巩固

1. 填空题

（1）三极管的输出特性曲线可分成3个区，即_____区、_____区和_____区。

（2）三极管作开关器件使用时，工作在_____状态和_____状态。

（3）当PNP型三极管处于放大状态时，3个电极中_____电位高，_____电位低，而当NPN型三极管处于放大状态时，3个电极中_____电位最高，_____电位最低。

2. 选择题

（1）某三极管的发射极电流 I_E = 3.2 mA，基极电流 I_B = 40 μA，则集电极电流 I_C 为（   ）。

A. 3.2 mA　　　B. 3.16 mA　　　C. 2.84 mA　　　D. 3.24 mA

（2）用数字万用表测得一只正常的三极管引脚和类型时，如果黑表笔固定在某一个引脚，红表笔分别接触另外两个引脚，测得的电阻值均较小，则黑表笔接触的引脚和三极管类型分别为（   ）。

A. 基极 NPN 型　　　B. 基极 PNP 型　　　C. 发射极 NPN 型　　　D. 发射极 PNP 型

（二）能力提升

根据图 1-2-6 所示的三极管的引脚电位，分析其工作状态（NPN 型为硅材料，PNP 型为锗材料）。

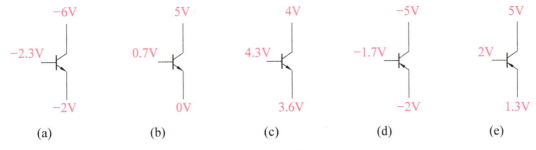

图 1-2-6　三极管的引脚电位

第二单元　三极管基本放大电路

一、单元导入

由三极管组成的放大电路，广泛应用于各种电子设备中，是电子电路的核心器件。在电子电路中应用最多的放大电路是三极管单级放大电路，其主要有共基极放大电路、共发射极放大电路、共集电极放大电路 3 种。

二、单元目标

（一）知识目标

（1）掌握常见基本放大电路的组成及各元件的作用。

(2) 理解常见基本放大电路的工作原理。

(3) 掌握常用基本放大电路静态工作点调试、分析及计算的方法。

（二）技能目标

(1) 能够识读和绘制基本放大电路、分压式偏置放大电路。

(2) 能够使用万用表调试三极管的静态工作点。

(3) 能够搭接分压式偏置放大器，会调整静态工作点。

（三）素养目标

(1) 培养学生高效组织和利用时间的能力。

(2) 培养学生的安全和规范意识。

(3) 培养学生的团队意识和精益求精的职业素养。

三、知识链接

（一）3种基本放大电路

放大电路由基本放大器、信号源及负载组成。按三极管的连接方式，可分为共集电极放大电路、共基极放大电路、共发射极放大电路，其中应用最广泛的是共发射极放大电路。

1. 共集电极放大电路

图 1-2-7 为共集电极放大电路，其输入信号从基极和集电极间输入，放大后的信号电压从发射极和集电极之间输出。因此，共集电极放大电路又称射极输出器。

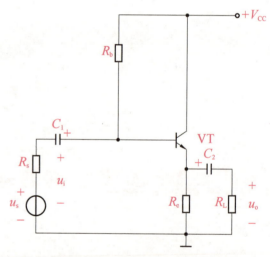

图 1-2-7　共集电极放大电路

共集电极放大电路是电流放大电路，其主要特点是，电压放大倍数略小于 1，输出电压与输入电压同相，输入电阻高，输出电阻低。

2. 共基极放大电路

图 1-2-8 为共基极放大电路，基极是放大电路输入信号和输出信号的公共端。共基极放大电路不具有电流放大作用，但由于其频率特性好，故多用于高频和宽频带电路及高频振荡电路中。

3. 共发射极放大电路

图 1-2-9 为共发射极放大电路，该电路的输入

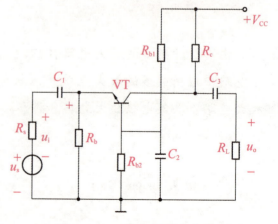

图 1-2-8　共基极放大电路

信号从基极和发射极间加入,输出电压从集电极和发射极间引出。发射极是放大电路输入信号和输出信号的公共端。

1) 电路组成

图 1-2-9 是由 NPN 型三极管构成的共发射极放大电路,其电路主要由以下元件组成。

VT——三极管,工作在放大状态。其作用是将电流或电压放大,是整个电路的核心。

V_{CC}——直流电源,为放大电路提供能量,主要给三极管提供偏置电压(发射结正向偏置电压,集电结反向偏置电压)。

R_b——基极偏置电阻,直流电源通过它向基极提供合适的偏置电流 I_B。

R_c——集电极偏置电阻,它的作用是将集电极电流 I_C 的变化转换成集电极电压 u_{CE} 的变化。

共发射极放大电路的组成

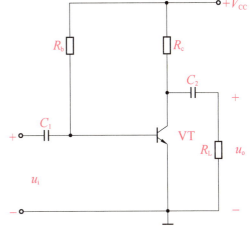

图 1-2-9 共发射极放大电路

C_1 和 C_2——输入、输出耦合电容,起"通交隔直"的作用。在低频放大电路中,C_1 和 C_2 通常采用电解电容。

2) 电路分析

(1) 静态分析。

① 直流通路。

将图 1-2-9 电路中的电容断开即可得到该放大电路的直流通路,如图 1-2-10(a)所示。

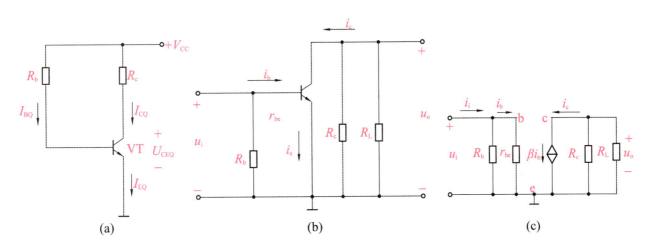

图 1-2-10 共发射极放大电路交、直流通路

(a) 直流通路;(b) 交流通路;(c) 交流小信号等效电路

② 静态工作点。

静态工作点是直流负载线与三极管的某条输出特性曲线的交点。随 I_B 的不同,静态工作点沿直流负载线上下移动。可以通过改变电路参数来改变静态工作点,这种方法就是静态工作点的设置。

静态时三极管的直流电压 U_{BE}、U_{CE} 和对应的直流电流 I_B、I_C 统称为静态工作点 Q，通常写为 U_{BEQ}、U_{CEQ}、I_{BQ}、I_{CQ}。

估算静态工作点可用以下公式：

$$I_{BQ} = \frac{V_{CC} - U_{BEQ}}{R_b} \approx \frac{V_{CC}}{R_b} \tag{1-2-5}$$

$$I_{CQ} = \beta I_{BQ} \tag{1-2-6}$$

$$U_{CEQ} = V_{CC} - I_{CQ} R_c \tag{1-2-7}$$

由此可见，当电源电压确定后，R_b 对基本共发射极放大电路的工作点设置起重要作用，选择合适的 R_b，可以得到合适的 I_{BQ}，从而确定 I_{CQ}、U_{CEQ}。

（2）动态分析。

①放大过程。

放大过程是三极管在输入信号的整个周期内始终工作在放大状态时才得以实现的，否则三极管的输出电压就会产生波形失真，其电路的放大作用也就失去了意义。所以，共发射极放大电路不仅要能放大信号，而且要基本上不产生失真。其动态波形图如图 1-2-11 所示。

②交流通路。

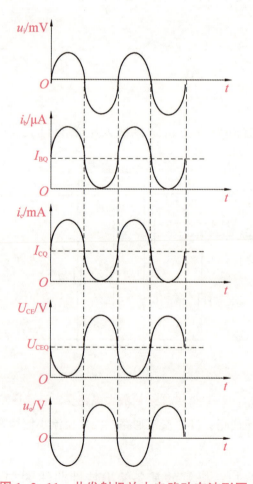

三极管的放大作用

图 1-2-11　共发射极放大电路动态波形图

交流通路是指交流信号所流经的通路，其交流通路及交流小信号等效电路如图 1-2-10 (b)、图 1-2-10 (c) 所示。此时直流电压源看作短路，耦合电容由于其容抗很小也可看成短路。

想一想，做一做

利用 Multisim10.0 仿真软件对图示电路进行仿真，如图 1-2-12 所示。通过改变 R_P 的大小，设置合适的静态工作点，观察电路中偏置电阻 R_P 分别为 690 kΩ、470 kΩ、220 kΩ 情况下的输出电压波形。

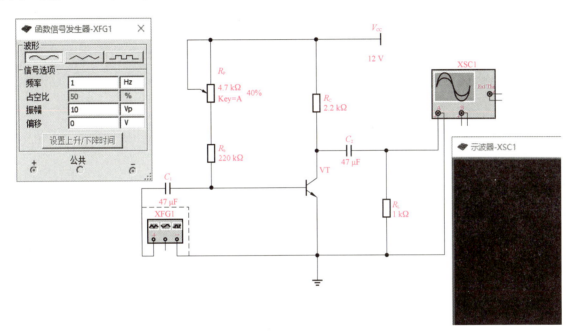

图 1-2-12　仿真电路图

③动态性能指标。

衡量小信号放大器的主要性能指标是电压放大倍数、输入电阻和输出电阻。

a. 电压放大倍数 A_u。

输出电压有效值与输入电压有效值之比，称为电压放大倍数。其定义式为

$$A_u = \frac{U_o}{U_i} \tag{1-2-8}$$

由共发射极放大电路的交流通路可得

$$A_u = \frac{U_o}{U_i} = -\frac{(R_c /\!/ R_L)I_C}{r_{be}I_B} = -\frac{R'_L \beta I_B}{r_{be}I_B} = -\beta \frac{R'_L}{r_{be}} \tag{1-2-9}$$

其中 $R'_L = R_c /\!/ R_L$，r_{be} 为三极管输出端交流短路时的输入电阻，其值与三极管的静态工作点 Q 有关，可用下列公式进行估算，即

$$r_{be} \approx 300\ \Omega + (1+\beta)\frac{26\ \text{mV}}{I_{EQ}\ (\text{mA})} \tag{1-2-10}$$

式（1-2-9）中的负号表示放大电路具有反向放大作用，在图 1-2-11 中也能看出。I_{EQ} 为发射极静态电流。

b. 输入电阻 R_i。

从放大电路输入端看进去的等效电阻为输入电阻，其定义式为

$$R_i = \frac{U_i}{I_i} \tag{1-2-11}$$

由共发射极放大电路的交流通路可得

$$R_i = R_b // r_{be} \approx r_{be} \tag{1-2-12}$$

c. 输出电阻 R_o。

输出电阻是指输入信号为零，负载开路的情况下，从放大电路输出端看进去的等效电阻。由共发射极放大电路的交流通路可得

$$R_o = R_c \tag{1-2-13}$$

例 1-2-1 图 1-2-10（a）中，已知：$V_{CC} = 6$ V，$R_b = 150$ kΩ，$R_c = R_L = 2$ kΩ，$\beta = 50$。试求：

（1）静态工作点；

（2）电压放大倍数 A_u、输入电阻 R_i 和输出电阻 R_o。

解：（1）根据题意求静态工作点为

$$I_{BQ} \approx \frac{V_{CC}}{R_b} = \frac{6}{150 \times 10^3} \text{A} = 40 \text{ μA}$$

$$I_{CQ} = \beta I_{BQ} = 50 \times 40 \text{ μA} = 2 \text{ mA}$$

$$U_{CEQ} = V_{CC} - I_{CQ}R_c = (6 - 2 \times 10^3 \times 2 \times 10^{-3}) \text{ V} = 2 \text{ V}$$

（2）输入电阻、输出电阻和电压放大倍数为

$$I_{EQ} = I_{BQ} + I_{CQ} \approx I_{CQ}$$

$$R_i = R_b // r_{be} \approx r_{be} = 300 + (1+\beta)\frac{26 \text{ mV}}{I_{EQ}} = \left[300 + (1+50)\frac{26}{2}\right] \Omega = 963 \text{ Ω}$$

$$R_o = R_c = 2 \text{ kΩ}$$

由 $R'_L = R_c // R_L = 1$ kΩ，得

$$A_u = -\beta \frac{R'_L}{r_{be}} = -50 \frac{1\,000}{963} \approx -52$$

（二）分压式偏置放大电路

由于半导体器件具有热敏性，故在电路参数不变的情况下，当温度升高时 I_{CQ} 会增加，当温度下降时 I_{CQ} 会减小，I_{CQ} 的变化使静态工作点发生移动，从而使电路的稳定性受到影响，严重时电路甚至不能工作。为避免温度变化对放大电路稳定性产生影响，电路常采用分压式偏置放大电路。

1. 电路组成

分压式偏置放大电路的电路图如图 1-2-13 所示。与共发射极放大电路相比，其增加了 R_{b2}、R_e 和 C_e，它们的作用分别如下。

R_{b1}、R_{b2}——基极上、下偏置电阻，串联分压使静态时三极管的基极电位固定。

R_e——发射极电阻，起到稳定静态电流的作用。

C_e——旁路电容，可以使发射极交流接地，同时使发射极电阻 R_e 所在电路交流工作时无影响。

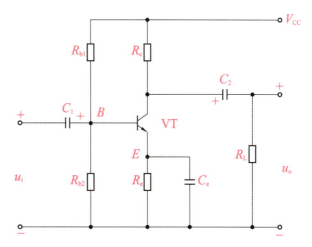

图 1-2-13 分压式偏置放大电路

2. 稳定过程

（1）静态工作点。

分压式偏置放大电路的直流通路如图 1-2-14（a）所示。在电路中，为了稳定静态工作点，电路参数应满足 $I_1 \gg I_{BQ}$ 和 $V_B \gg U_{BE}$。

根据直流通路可得

$$V_B = \frac{R_{b2}}{R_{b1}+R_{b2}} V_{CC} \tag{1-2-14}$$

$$I_{CQ} = I_{EQ} = \frac{V_B - U_{BEQ}}{R_e} \tag{1-2-15}$$

$$I_{BQ} = \frac{I_{CQ}}{\beta} \tag{1-2-16}$$

$$U_{CEQ} = V_{CC} - (R_c + R_e)I_{CQ} \tag{1-2-17}$$

（2）稳定过程。

当温度升高时，分压式偏置放大电路静态工作点的稳定过程可表示为

T（温度）↑ → I_{CQ}↑ → I_{EQ}↑ → V_E↑ → U_{BEQ}↓ → I_{BQ}↓ → I_{CQ}↓

（3）动态指标。

分压式偏置放大电路的交流通路及交流小信号等效电路分别如图 1-2-14（b）、图 1-2-14（c）所示。根据交流通路，可求得其动态参数的估算公式为

$$A_u = -\beta \frac{R'_L}{r_{be}} \tag{1-2-18}$$

$$R_i = R_{b1} // R_{b2} // r_{be} \approx r_{be} \tag{1-2-19}$$

$$R_o = R_c \tag{1-2-20}$$

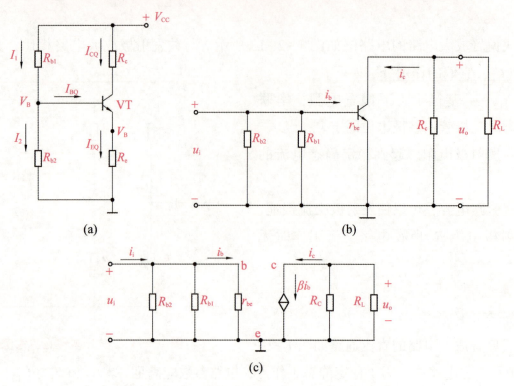

图 1-2-14　分压式偏置放大电路交直流通路

(a) 直流通路；(b) 交流通路；(c) 交流小信号等效电路

想一想，做一做

利用 Multisim10.0 仿真软件对图示电路进行仿真，如图 1-2-15 所示。观察分压式偏置放大电路的输出波形，比较和固定式偏置放大电路有何不同（输入信号 u_i 为 1 kHz、20 mV 正弦交流信号）。

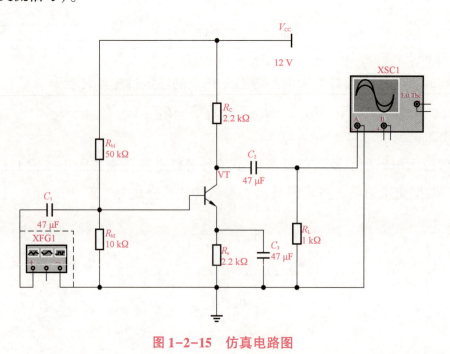

图 1-2-15　仿真电路图

四、巩固与练习

（一）基础巩固

1. 填空题

（1）改变 R_b、R_c、V_{CC} 均能改变放大电路的静态工作点，但最常用的方法是_____。

（2）放大电路设置静态工作点的目的是_____。

（3）放大电路对输入、输出电阻的要求是_____。

（4）当温度升高时，基本放大电路的静态工作点将_____。

（5）在一个正常的放大电路中，三极管各级电压和电流均有_____分量和_____分量。

（二）能力提升

1. 图1-2-9中，已知：$V_{CC}=12\ \text{V}$，$R_b=400\ \text{k}\Omega$，$R_c=4\ \text{k}\Omega$，$\beta=40$。试求：

（1）画出直流通路，求静态工作点；

（2）画出交流通路，求输入电阻 R_i 和输出电阻 R_o；

（3）求电压放大倍数 A_u。

*第三单元 多级放大电路

一、单元导入

单级放大电路的电压放大倍数一般可以达到几十倍。然而在许多场合，这样的放大倍数是不够用的，为获得更大的放大倍数及满足输入、输出电阻的要求，常将若干基本放大电路及它们的改进型电路级连起来，这样构成的电路叫作多级放大电路。

二、单元目标

（一）知识目标

（1）了解3种耦合方式的优缺点。

（2）理解多级放大器的增益和输入、输出电阻的概念。

（二）技能目标

能区分多级放大电路的耦合方式。

（三）素养目标

（1）培养学生的自主学习能力。

（2）培养学生的沟通交流能力。

三、知识链接

（一）电路组成

图 1-2-16 为多级放大电路的组成框图。

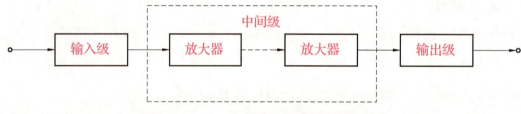

图 1-2-16　多级放大电路的组成框图

其中：输入级——主要完成与信号源的衔接并对信号进行放大；

中间级——主要用于电压放大，根据需要将微弱的输入电压放大到足够大的幅度，从而为输出级提供所需要的输入信号；

输出级——主要完成信号的功率放大，以达到输出负载所需要的功率，从而驱动负载工作。

（二）耦合方式

多级放大电路中每个单管放大电路称为"级"，级与级之间的连接称为耦合。常用的耦合方式有阻容耦合、变压器耦合和直接耦合。

1. 阻容耦合

1）电路组成

图 1-2-17 为两级阻容耦合放大器。两级放大器之间通过电容连接，后级放大器的输入电阻充当了前级放大器的负载，故称为阻容耦合。

由于电容具有"隔直流、通交流"的作用，在电容取值合适的条件下，前级放大器的输出信号经耦合电容传递到后级放大器的输入端，因为两级放大器的静态工作点互不影响，故有利于放大器的设

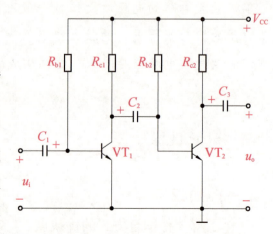

图 1-2-17　两级阻容耦合放大器

计、调试和维修。

2）性能指标

（1）电压放大倍数。

多级放大电路的电压放大倍数是每级"有载电压放大倍数"的乘积。所谓"有载电压放大倍数"是指接上后级放大器时的电压放大倍数，即

$$A_u = A_{u1} A_{u2} \cdots A_{un} \quad (1-2-21)$$

在工程应用中，当放大电路的级数增加时，其总的放大倍数会增大。为了方便计算和表示，往往常用对数来表示放大倍数。这时，放大倍数的单位为分贝，符号为 dB。

（2）输入电阻。

由于输入级连接着信号源，故输入电阻的主要任务是从信号源获得输入信号。多级放大电路的输入电阻就是输入级的输入电阻，即

$$R_i = R_{i1} \quad (1-2-22)$$

（3）输出电阻。

多级放大电路的输出级就是电路的最后一级，其作用是驱动负载工作。多级放大电路的输出电阻就是输出级的输出电阻，即

$$R_o = R_{on} \quad (1-2-23)$$

（4）幅频特性。

幅频特性曲线反映放大电路的电压放大倍数的幅度与频率的关系。图 1-2-18 为阻容耦合放大电路幅频特性曲线。

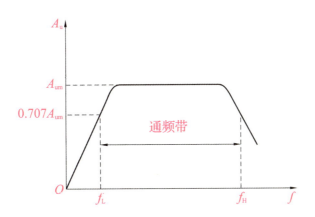

图 1-2-18　阻容耦合放大电路幅频特性曲线

从图中可以看出，阻容耦合放大电路在一定频率范围内的信号放大倍数高且稳定，这个频率范围称为中频区。在中频区以外的区域，随着信号频率的升高或下降，都将使其放大倍数急剧下降。

工程上将放大倍数下降到 $\frac{1}{\sqrt{2}} A_{um}$（0.707$A_{um}$）时所对应的低端频率 f_L 称为下限频率，高端频率 f_H 称为上限频率。f_L 与 f_H 之间的频率范围称为通频带，用 BW 表示，则

$$BW=f_H-f_L \tag{1-2-24}$$

3）特点

阻容耦合放大电路的体积小、质量轻，在多级放大器中得到广泛的应用。它的缺点是信号在通过耦合电容加到下一级时会大幅度衰减，阻容耦合方式不适合传递直流信号，因此阻容耦合放大器不能放大直流信号。另外在集成电路中制造大电容很困难，所以阻容耦合只适合分立元件电路。

2. 变压器耦合

1）电路组成

利用变压器实现级间耦合的放大电路即变压器耦合的放大电路，如图1-2-19所示。变压器 T_1 将第一级放大器的输出信号传递给第二级放大器，变压器 T_2 将第二级放大器的输出信号耦合给负载。

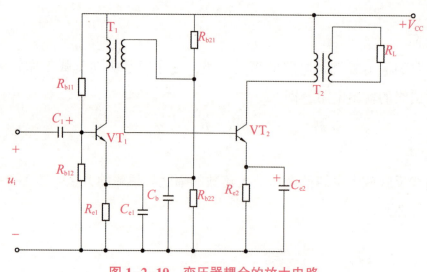

图1-2-19　变压器耦合的放大电路

由于变压器的一次侧、二次侧之间无直接联系，所以采用变压器耦合方式的放大器，其各级静态工作点是独立的。这种耦合方式的最大优点在于其能实现电压、电流和阻抗的变换，特别适合放大器之间、放大器与负载之间的匹配。

2）特点

变压器耦合的缺点是体积大、频率特性差，很难在集成电路中使用，且不能放大直流信号。

3. 直接耦合

1）电路组成

前两种耦合方式都存在放大器频率特性不好的缺点，为了解决这个问题，人们设计了直接耦合放大电路，把前、后级放大器直接相连，如图1-2-20所示。

2）特点

直接耦合放大器不但能放大交流信号，还能放大直流信号，其频率特性是最好的。但直

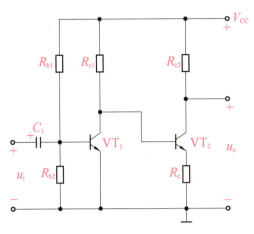

图 1-2-20 直接耦合放大电路

接耦合放大器的直流通路是互相连通的,各级放大器的静态工作点互相影响,不便于调试和维修。

直接耦合放大器还有一个最大的问题,就是零点漂移。零点漂移使人们无法分清放大器的输出是有用信号还是无用信号。这个问题必须加以解决,否则直接耦合放大器就没法使用。

> **职教高考模拟题**
>
> 在多级放大电路中,静态工作点相互影响的耦合方式是(　　　)。
>
> A. 阻容耦合　　B. 变压器耦合　　C. 直接耦合　　D. 电容耦合

四、巩固与练习

(一) 基础巩固

(1) 多级放大电路有＿＿＿＿、＿＿＿＿、＿＿＿＿3种耦合方式。

(2) 多级放大电路的输入电阻主要取决于＿＿＿＿。

(3) 某三级放大电路各级的电压放大倍数分别为 $A_{u1}=40$、$A_{u2}=20$、$A_{u3}=30$,则总的电压放大倍数 $A_u=$ ＿＿＿＿。

(二) 能力提升

多级放大电路的耦合方式有哪些?各有什么优缺点?

第四单元 放大电路中的负反馈

一、单元导入

通过引入负反馈，放大器的性能（增益的稳定性、线性、频率响应、阶跃响应）可以得到改善。此外，制造过程以及使用环境所造成的器件参数偏差对放大器性能的影响，可以通过引入负反馈加以缓解。因此，负反馈放大器在许多放大电路以及控制系统中有着广泛的应用。

二、单元目标

（一）知识目标

（1）理解反馈的基本概念。
（2）掌握反馈极性与负反馈类型的判断方法。
（3）理解负反馈对放大电路的影响。

（二）技能目标

能够判断反馈极性及负反馈类型。

（三）素养目标

（1）培养学生的探索、创新意识。
（2）培养学生严谨的学习态度。
（3）培养学生科学的洞察力。

三、知识链接

（一）反馈的基本概念

所谓反馈电路就是将放大电路输出量（电压或电流）的一部分或全部，反馈到放大器输入端与输入信号进行比较（相加或相减），并用比较所得的有效输入信号去控制输出的电路。反馈放大电路的组成框图如图1-2-21所示。

其中：基本放大电路 A——单级或多级放大电路，作用是完成对输入信号的放大；

反馈网络 F——由电阻、电容等元件组成，联系着输出和输入，完成信号从输出到输入的回送；

X_I——输入量；

X_F——反馈量；

X_O——输出量；

X'_I——净输入量，由 X_I 和 X_F 叠加后得到，$X'_I = X_I \pm X_F$。

由此可得，判断电路是否存在反馈，只要看放大电路有没有从输出端送到输入端的通路，若有，则电路存在反馈；否则，电路无反馈。

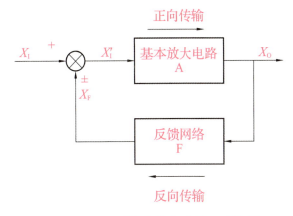

图 1-2-21 反馈放大电路的组成框图

（二）反馈极性与判断

图 1-2-22 为正、负反馈电路。由图中可以看出，反馈信号分别取"+"和"-"。当反馈信号取"+"时，加强了原输入信号，叫作正反馈，用于振荡电路；当反馈信号取"-"时，削弱了原输入信号，叫作负反馈，用于放大电路。

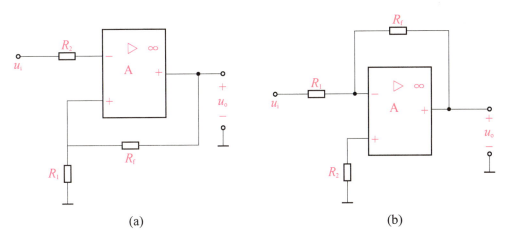

图 1-2-22 正、负反馈电路
（a）正反馈电路；（b）负反馈电路

通常我们采用"瞬时极性法"来判断反馈极性，反馈极性判断如图 1-2-23 所示。

首先规定电路输入信号在某一时刻对地的极性，并以此为依据，逐级判断电路中各相关点电流的流向和电位的极性，从而得到输出信号的极性，根据输出信号的极性判断出反馈信号的极性。如果反馈信号与原假定的输入信号瞬时极性相同，则表明电路为正反馈，否则为负反馈。

(三）负反馈的类型与判断

1. 直流反馈和交流反馈

如果反馈仅存在于直流通路中，且反馈信号只含有直流量，则为直流反馈；如果反馈仅存在于交流通路中，且反馈信号只含有交流量，则为交流反馈。

直流反馈的作用是稳定静态工作点；交流反馈主要用于改善放大电路的动态性能。我们可以利用电容"隔直通交"的特性，进行直流反馈和交流反馈的判断。

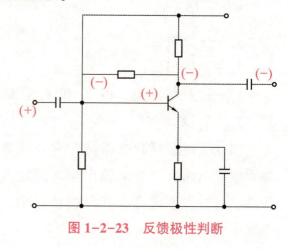

图 1-2-23　反馈极性判断

2. 电压反馈和电流反馈

反馈信号取自输出端电压，即反馈信号与输出电压成正比，称为电压反馈，此时反馈网络与输出端并联，电压串联负反馈、电压并联负反馈分别如图 1-2-24（a）、图 1-2-24（c）所示；反馈信号取自输出端电流，即反馈信号与输出电流成正比，称为电流反馈，此时反馈网络与输出端串联，电流串联负反馈、电流并联负反馈分别如图 1-2-24（b）、图 1-2-24（d）所示。

我们可以用"输出端交流短路法"进行电压反馈和电流反馈的判断，即将放大器输出端短路，若反馈信号为零，则为电压反馈；否则为电流反馈。

3. 串联反馈和并联反馈

在输入端，若反馈网络与基本放大电路串联，则称为串联反馈，图 1-2-24(a)、图 1-2-24(b)为电压、电流串联负反馈；在输入端，若反馈网络与基本放大电路并联，则称为并联反馈，图 1-2-24(c)、图 1-2-24(d)为电压、电流并联负反馈。

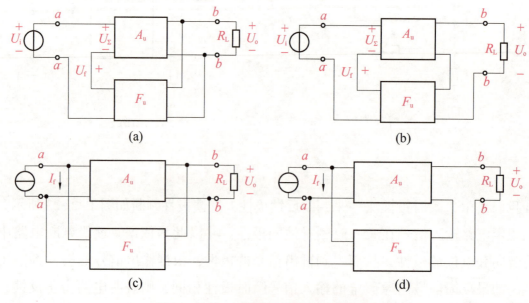

图 1-2-24　4 种基本类型负反馈框图

（a）电压串联负反馈；（b）电流串联负反馈；（c）电压并联负反馈；（d）电流并联负反馈

我们可以用"输入端交流短路法"进行串联反馈和并联反馈的判断，即将输入端短路，若反馈信号被短路，则为并联反馈；否则为串联反馈。

> **职教高考模拟题**
>
> 放大电路为增大输入电阻和输出电阻，应引入的负反馈类型是（　　）。
>
> A. 电压串联负反馈　　　　　　　　B. 电压并联负反馈
>
> C. 电流串联负反馈　　　　　　　　D. 电流并联负反馈

（四）负反馈对放大电路的影响

1. 负反馈对放大倍数的影响

（1）降低放大电路的放大倍数，增强放大倍数的稳定性。负反馈越深，放大倍数降低越多，放大器工作越稳定。

（2）负反馈使放大电路的非线性失真减小。由于三极管的非线性，会造成输出电压的非线性失真。引入负反馈后能够有针对性地改善这种失真。同理，负反馈可以减小由于放大器本身所产生的干扰和噪声。

2. 负反馈对通频带的影响

负反馈能展宽通频带。

3. 负反馈对输入、输出电阻的影响

（1）电压负反馈：减小输出电阻，稳定输出电压。

（2）电流负反馈：增大输出电阻，稳定输出电流。

（3）串联负反馈：增大输入电阻。

（4）并联负反馈：减小输入电阻。

四、巩固与练习

（一）基础巩固

（1）串联负反馈可以使放大器的输入电阻_____，并联负反馈可以使放大器的输入电阻_____。

（2）电压负反馈可以使放大器的输出_____稳定，电流负反馈可以使放大器的输出_____稳定。

（3）在反馈电路中，如果反馈信号使净输入信号增强，则为_____反馈；如果反馈信号使净输入信号减弱，则为_____反馈。

（4）放大电路中引入负反馈后，它的电压放大倍数和失真情况分别是_____。

（5）引入电流串联负反馈后，放大电路的输入阻抗和输出阻抗变化为_____。

（二）能力提升

简述如何判断反馈极性。

技能实训　三极管引脚的识别与检测

一、任务目标

（一）知识目标

（1）掌握识别三极管引脚的方法。
（2）掌握检测三极管管型与引脚的方法。

（二）技能目标

（1）能够识别与检测三极管引脚。
（2）能够判别三极管的性能优劣。

（三）素养目标

（1）培养学生综合运用知识的能力。
（2）培养学生严谨负责的职业道德观。

二、任务要求

通过不同的方式方法判别三极管引脚、管型及性能，从而提高学生综合运用知识的能力。

三、任务器材

指针万用表 1 只、NPN 型和 PNP 型三极管若干。

四、任务实施

（1）根据三极管的封装形式识别所提供的三极管的引脚极性，并做好标注。
（2）用指针万用表判别出三极管的基极和管型后，再判别其集电极和发射极，并与根据封装形式识别的结果作比较，看是否一致。

五、知识链接

（一）根据封装形式判断三极管引脚

三极管的引脚极性可以根据封装形式进行识别，其识别方法如图 1-2-25 所示。

图 1-2-25（a）为小功率塑料封装三极管。其引脚的识别方法是让其正面（有字一面）朝向自己，3 个引脚朝下放置，从左到右依次为发射极、基极、集电极，特殊情况下从左到右依次为发射极、集电极、基极。在具体使用时可用万用表进行判断。

图 1-2-25（b）为大功率塑料封装三极管。其引脚的识别方法是让其正面（有字一面）朝向自己，3 个引脚朝下放置，从左到右依次为基极、集电极、发射极。

图 1-2-25（c）为大功率金属封装三极管。其引脚的识别方法是让其管底朝向自己，右侧为发射极，左侧为基极，金属外壳为集电极，如图 1-2-25（d）所示。

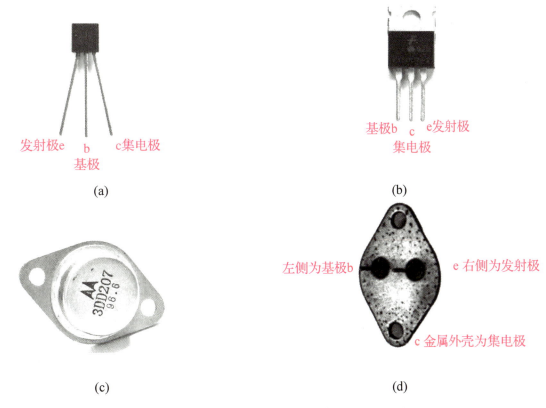

图 1-2-25　根据封装形式识别三极管引脚的识别方法

（a）小功率塑料封装三极管；（b）大功率塑料封装三极管；（c）、（d）大功率金属封装三极管

（二）利用万用表判断三极管引脚、管型及性能

因为三极管内部有两个 PN 结，所以可以用万用表欧姆挡测量 PN 结的正、反向电阻来确

定三极管的引脚、管型并判断三极管性能的优劣。

1. 判断基极与管型

（1）把万用表转换开关转至欧姆挡，选用 $R\times 100$ 或 $R\times 1k$ 挡。用红、黑表笔测量三极管任意两引脚间的阻值。

（2）若测得某个引脚与其余两引脚间的阻值都很小，则该引脚即为三极管的基极。若此时是黑表笔接该引脚，则该三极管类型为 NPN 型；若是红表笔接该引脚，则该三极管类型为 PNP 型。

2. 判断集电极和发射极

（1）假定一个引脚是集电极，则另一个引脚是发射极。对于 PNP 型三极管，红表笔接假定是集电极的引脚，黑表笔接假定是发射极的引脚（对于 NPN 型三极管，万用表的红、黑表笔对调）。

（2）用大拇指和食指将基极和假定的集电极捏紧（注意两引脚不能短接），记录万用表的测量值，然后把原先假定的引脚对调，重新记录万用表的读数。两次测量值较小的红表笔所接的引脚是集电极（对于 NPN 型三极管，则黑表笔所接的引脚是集电极）。

3. 三极管性能的判断

将万用表置于 $R\times 1k$ 挡，测量 NPN 型三极管的集电结和发射结的正、反向电阻。

当两个结的正、反向电阻相差很大时，说明三极管的稳定性好，且性能良好；若正、反向电阻相差很小，则说明三极管的稳定性差，且性能不好，甚至是劣质三极管。

职教高考模拟题

（1）当 PNP 型三极管处于放大状态时，各极电位关系为（　　）。

A. $V_C>V_B>V_E$　　B. $V_B>V_C>V_E$　　C. $V_B>V_E>V_C$　　D. $V_E>V_B>V_C$

（2）工作于放大状态的三极管，若测得 3 个电极的电位分别为 3 V、3.7 V、5 V，则该三极管为（　　）。

A. NPN 型锗管　　B. PNP 型锗管　　C. NPN 型硅管　　D. PNP 型硅管

（3）在检测正常三极管引脚极性时，万用表红表笔固定在某一引脚，黑表笔分别接另外两引脚，若两次测量阻值均较小，则红表笔所接引脚及三极管类型分别为（　　）。

A. 基极　NPN 型　　　　　　　　B. 基极　PNP 型
C. 发射极　NPN 型　　　　　　　D. 发射极　PNP 型

六、任务测评

任务测评表如表 1-2-3 所示。

表 1-2-3　任务测评表

知识与技能（70 分）				
序号	测评内容	组内互评	组长评价	教师评价
1	1. 识别三极管引脚的方法（10 分） 2. 检测三极管管型与引脚的方法（10 分）			
2	1. 能够识别与检测三极管引脚极性（30 分） 2. 能够用万用表判别三极管的性能优劣（20 分）			
基本素养（30 分）				
1	无迟到、早退及旷课行为（10 分）			
2	能够综合运用所学知识（10 分）			
3	具有严谨负责的态度（10 分）			
综合评价				

七、巩固与练习

（一）基础巩固

在测量时，如果用手同时触及三极管的两极，所测得的结果会有什么变化？

（二）能力提升

检测三极管管型和引脚的方法还有很多，请查阅相关资料并试一试，将总结的方法与同学分享。

模块三

常用放大器

放大电路又称放大器,其功能是在不失真的前提下将微小的电信号放大至所需的值。常用的放大器主要有集成运算放大器、低频功率放大器、场效应管放大器、谐振放大器等,它们广泛应用于各种信号的放大、运算与处理电路中。

第一单元 集成运算放大器

一、单元导入

集成运算放大器简称集成运放。它是高增益的模拟集成电路,具有体积小、使用方便、性能稳定等特点,现已成为线性集成电路中品种和数量最多的一类,在某些电子设备中已基本取代由分立元件构成的放大电路。

二、单元目标

(一)知识目标

(1)理解集成运放的电路组成、主要参数及抑制零点漂移的方法。
(2)掌握集成运放的图形符号及引脚功能。
(3)理解理想集成运放电路的特点。
(4)理解差模与共模、共模抑制比的概念。

(二)技能目标

(1)能够识读由理想集成运放构成的常用电路,并会估算其输出电压值。
(2)能够根据集成运放电路的要求正确选用元件。
(3)能够安装和使用集成运放组成的应用电路。

（三）素养目标

（1）培养学生的探索、创新意识。

（2）培养学生严谨的学习态度。

（3）培养学生科学的洞察力。

三、知识链接

（一）集成运放

1. 组成框图

集成运放组成框图如图1-3-1所示。它由输入级、中间级、输出级和偏置电路组成。

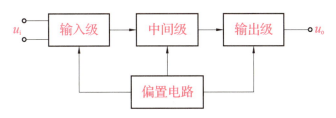

图1-3-1 集成运放组成框图

其中，输入级——一般都采用差分放大电路，目的是力求获得较低的"零漂"和较高的共模抑制比。它有同相和反相两个输入端。集成运放只对输入端的差模信号进行线性放大，而对输入的共模信号基本不放大。即当集成运放工作在线性区时，输出电压为

$$u_o = A_{od}(u_+ - u_-) \quad (1-3-1)$$

式（1-3-1）中A_{od}为差模电压放大倍数，或称为开环增益。

中间级——一般由共发射极放大电路组成，能够提供足够高的电压放大倍数，其放大倍数可达几千倍以上。

输出级——为了降低输出电阻、提高输出功率和带负载能力，输出级一般由射极输出器或互补推挽电路组成，以改善带负载能力，同时还设有过电流保护电路。

偏置电路——由恒流源或恒压源组成，作用是为各级放大电路提供合适的电源。

2. 外形及图形符号

（1）外形。

常见集成运放外形如图1-3-2所示。

从封装外形来分，集成运放有双列直插式封装、金属圆壳封装和小外形封装等，其中双列直插式封装形式较多。双列直插式封装有8、10、12、14、16引脚等，材料大部分为塑料，其中有一些性能要求高的则采用陶瓷材料。

图1-3-3为集成运放的引脚排列，表1-3-1为其各引脚排列功能。

图 1-3-2 常见集成运放外形

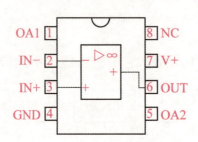

图 1-3-3 集成运放的引脚排列

表 1-3-1 集成运放的引脚排列功能

引脚	功能	引脚	功能
1	调零端	5	调零端
2	反相输入端	6	输出端
3	同相输入端	7	电源
4	地	8	空引脚

（2）电路符号。

集成运放的图形符号如图 1-3-4 所示。一般在电路图中，正、负电源不予画出。

从图中可以看出，集成运放有两个输入端，其中"+"为同相输入端 u_+，"-"为反相输入端 u_-，输出端为 u_o。

在实际应用中，集成运放除了输入和输出端外，还有电源端，有些集成运放还有调零和相位补偿端。

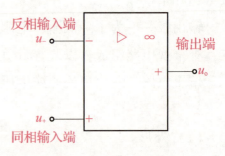

图 1-3-4 集成运放的图形符号

3. 主要参数

（1）差模电压放大倍数 A_{od}。

差模电压放大倍数是指集成运放本身的差模增益，它体现了集成运放的电压放大能力，一般在 $10^4 \sim 10^7$ 之间。如果加在输入端的电压大小相等、极性相反，则这样的输入电压称为差模输入电压，简称差模信号。差模电压放大倍数越大，电路越稳定，运算精度也就越高。

(2) 共模电压放大倍数 A_{oc}。

共模电压放大倍数是指集成运放本身的共模增益,它反映了集成运放抗零漂、抗共模干扰的能力。如果加在输入端的电压大小相等、极性相同,则这样的输入电压称为共模输入电压,简称共模信号。共模电压放大倍数一般很小,且越小越好。

(3) 共模抑制比 K_{CMR}。

一般将差模电压放大倍数与共模电压放大倍数之比的绝对值称为共模抑制比,即 $K_{CMR} = |A_{od}/A_{oc}|$,它用来综合衡量集成运放的放大能力和抗零漂、抗共模干扰的能力,一般应大于 80 dB,且越大越好。

(4) 差模输入电阻 r_{id}。

差模输入电阻是指差模信号作用下集成运放的输入电阻。

(5) 输出电阻 r_{od}。

输出电阻是指集成运放在开环状态下的输出电阻。r_{od} 越小,输出电压越稳定,带负载能力越强。

(6) 零点漂移。

当集成运放输入端不加输入信号,即处于短路状态时,其输入往往不为零,即输出端有缓慢变化的输出电压。通常把这种现象称为零点漂移,简称零漂。

零漂是反映集成运放性能好坏的重要参数,一般很小且越小越好,理想为零。解决零漂最有效的措施是采用差分放大电路。

(二) 理想集成运放

在分析集成运放的各种实用电路时,为了简化分析,通常将集成运放的性能指标理想化,即将集成运放看成理想集成运放。当集成运放参数具有以下特征时,可以称为理想集成运放。

1. 理想集成运放的条件

理想集成运放的条件有以下 5 个:

(1) 差模电压放大倍数趋于无穷大,即 $A_{od} = \infty$;

(2) 差模输入电阻趋于无穷大,即 $r_{id} = \infty$;

(3) 输出电阻为零,即 $r_{od} = 0$,这时集成运放就可以接任何负载;

(4) 共模抑制比趋于无穷大,即 $K_{CMR} = \infty$;

(5) 输入失调电压、输入失调电流以及零漂均为零。

2. 理想集成运放的特点

集成运放有两个工作区域,即线性区和非线性区。

理想集成运放在线性区的特点

当理想集成运放工作在线性区时,输入电压与输出电压成正比(即线性关系);当其工作在非线性区时,输出电压只有正、负最大值两个状态。理想集成运放的线性区很窄,要使其工作在线性放大区,必须加深度负反馈,而正反馈可以使理想集成运放工作在非线性区。

(1) 虚短。

当理想集成运放工作在线性区时，理想情况下由于 $A_{od}=\infty$，而输出电压 u_o 为有限值，则 $u_+=u_-$。相当于理想集成运放的同相输入端电位等于反相输入端电位，类似短路，但不是真正的短路，故称为"虚短"。

(2) 虚断。

由于理想集成运放输入电阻 $r_{id}=\infty$，所以其从信号源索取的电流为零，即 $i_+=i_-=0$，表明理想集成运放两输入端相当于断开，但并不是真正的断开，故称为"虚断"。

> **职教高考模拟题**
>
> 理想集成运放的差模输入电阻 r_d 和差模输出电阻 r_{od} 的理想参数分别是（　　）。
>
> A. 0，0　　　　B. ∞，0　　　　C. 0，∞　　　　D. ∞，∞

（三）集成运放的基本应用

当集成运放引入深度负反馈，且在线性工作条件下，根据两个输入端的不同连接方式，集成运放有反相比例运算电路、同相比例运算电路和差分输入运算电路 3 种输入方式，并利用反馈网络就能够实现比例、加减、积分和微分等各种数学运算，即集成运放的输出电压反映输入电压某种运算的结果。

1. 反相比例运算电路

输入端的极性和输出端极性相反的运算电路称为反相比例运算电路。反相比例运算电路具有放大输入信号反相输出的功能。

(1) 电路组成。

反相比例运算电路如图 1-3-5 所示。输入信号经过 R_1 送到反相输入端，同相输入端经 R_2 接地。R_2 为平衡电阻，用于消除偏置电流带来的误差。

(2) 输入输出关系。

根据理想集成运放的 $i_i=0$ 和 $u_+=u_-$，可得

$$i_i = i_f$$

$$i_f = -\frac{u_o}{R_f}$$

$$i_i = \frac{u_i}{R_1}$$

则输出电压为

$$u_o = -\frac{R_f}{R_1} u_i \qquad (1-3-2)$$

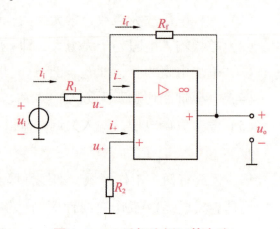

图 1-3-5　反相比例运算电路

(3) 电压放大倍数。

由式（1-3-2）可求得电压放大倍数为

$$A_u = \frac{u_o}{u_i} = -\frac{R_f}{R_1} \quad (1-3-3)$$

2. 同相比例运算电路

（1）电路组成。

同相比例运算电路如图 1-3-6 所示。输入信号经过 R_2 送到同相输入端，R_2 为平衡电阻，$R_2 = R_1 /\!/ R_f$，输出信号 u_o 经过反馈电阻 R_f 反馈到反相输入端，形成负反馈。

（2）输入、输出关系。

根据"虚短"和"虚断"性质可知

$$i_i = i_f$$

$$i_i = \frac{u_i}{R_1}$$

$$\frac{u_i}{R_1} = \frac{(u_o - u_i)}{R_f}$$

则输出电压为

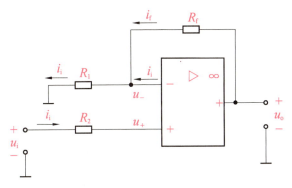

图 1-3-6　同相比例运算电路

$$u_o = \left(1 + \frac{R_f}{R_1}\right) u_i \quad (1-3-4)$$

（3）电压放大倍数。

由式（1-3-5）可求得电压放大倍数为

$$A_u = \frac{u_o}{u_i} = 1 + \frac{R_f}{R_1} \quad (1-3-5)$$

3. 差分输入运算电路

运算差分输入运算电路如图 1-3-7 所示。该电路由两个完全对称的共发射极放大电路 VT_1、VT_2 组成，该电路的输入端是两个信号，即 u_{i1} 和 u_{i2}。这两个信号的差值为电路有效输入信号，电路的输出 u_o 是对这两个输入信号之差的放大。

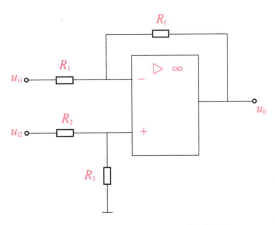

图 1-3-7　差分输入运算电路

四、巩固与练习

（一）基础巩固

（1）集成运放一般由＿＿＿＿、＿＿＿＿、＿＿＿＿、＿＿＿＿4部分组成。

（2）理想集成运放差模输入电阻为＿＿＿＿，差模电压放大倍数为＿＿＿＿，输出电阻为＿＿＿＿。

（3）为了提高差模输入电阻，减小零点漂移，通用集成运放的输入级多采用＿＿＿＿电路，为了减小输出电阻，其输出级大多采用＿＿＿＿电路。

（4）理想集成运放的输入电流 $i_i \approx 0$，称为＿＿＿＿；两输入端电位差 $u_+ - u_- \approx 0$，称为＿＿＿＿。

（5）同相比例运放的反馈类型是＿＿＿＿；反相比例运放的反馈类型是＿＿＿＿。

（二）能力提升

查阅资料了解目前市场上主要有哪些常用的集成运放芯片，并与同学进行分享。

第二单元　低频功率放大器

一、单元导入

低频功率放大器简称低频功放，是指在给定失真率条件下，能够向负载提供足够信号功率的放大器。其主要用作多级放大器的输出级，任务是将前级电路放大的电压信号再进行功率放大，以推动执行机构工作，如让扬声器具有良好的音质输出、显像管的偏转线圈扫描、继电器动作等。

二、单元目标

（一）知识目标

（1）了解低频功率放大电路的基本要求和分类。

（2）理解典型功放集成电路的引脚功能。

(3) 了解功放器件的安全使用知识。

(二) 技能目标

(1) 能识读 OTL、OCL 功率放大器的电路图。
(2) 能按工艺要求装接典型电路。
(3) 能够列举低频功率放大器的应用。

(三) 素养目标

(1) 培养学生的探索、创新意识。
(2) 培养学生严谨的学习态度。
(3) 培养学生科学的洞察力。

三、知识链接

(一) 低频功率放大器的组成

低频功率放大器是多级放大器，由电压放大级、推动级、输出级 3 部分组成。

其中，电压放大级——用来对输入信号进行电压放大，使加到推动级的信号电压达到一定的程度。

推动级——用来推动功放输出级，对信号电压和电流进行进一步放大，有的推动级还要完成输出两个大小相等、方向相反的推动信号。

输出级——将推动极送来的电流信号形成大功率信号，带动扬声器发声。

(二) 低频功率放大器的基本要求

低频功率放大器的基本要求主要有以下 4 点。

低频功率放大器的基本要求

1. 有足够大的输出功率

低频功率放大器提供给负载的信号功率称为输出功率，用 P_0 表示，即 $P_0 = I_0 U_0$。最大输出功率 P_{0m} 是在电路参数确定的情况下，负载上可能获得的最大交流功率。为了获得最大的输出功率，功率放大器的三极管的电压和电流必须要有足够的输出值，但又不能超过其极限参数。

2. 效率要高

最大输出功率与电源所提供的功率之比称为效率，用字母 η 表示。即

$$\eta = \frac{P_0}{P_i} \times 100\% \tag{1-3-6}$$

通常在输出功率一定的情况下，尽可能减小直流电源的消耗，以提高电路的效率。

3. 非线性失真要小

工作在大信号工作状态的低频功率放大器，由于其电压、电流幅度大，一旦进入截止和饱和区，不可避免地会产生非线性失真。因此，必须将低频功率放大器的非线性失真限制在允许范

围内。

4. 功放管散热要好

由于功放管工作在极限运用状态,管耗大,故其中大部分功率损耗被集电结承受并转化为热量,使集电结温度升高,而过高的结温将导致功放管的损坏。如果采用较好的散热装置,则可以降低结温,从而提高功放管允许承受的最大管耗,使功放电路输出较大功率而不损坏功放管。

(三) 低频功率放大器的类型

低频功率放大器种类有很多,根据其静态工作点的不同,可分为甲类、乙类、甲乙类3种,常用低频功率放大器的类型及特点如表1-3-2所示。

表1-3-2 常用低频功率放大器的类型及特点

类型	电路图	特点
甲类低频功率放大器	(电路图:含 R_{b1}、R_c、R_{b2}、VT,电源 $+V_{CC}$,输入 u_i,输出 u_o)	1. 功放管的静态工作点选择在放大区,在工作过程中,功放管始终处于导通状态 2. 输入信号全波得到放大 3. 适用于小信号放大电路 4. 管耗大、效率低
乙类低频功率放大器	(电路图:含 R_c、VT,电源 $+V_{CC}$,输入 u_i,输出 u_o)	1. 功放管的静态工作点设置在功放管的截止边缘,在工作过程中,功放管仅在输入信号的正半周导通,负半周则截止 2. 输入信号仅半波得到放大 3. 适用于大信号放大电路 4. 效率高
甲乙类低频功率放大器	(电路图:含 R_{b1}、R_c、R_{b2}、R_e、VT,电源 $+V_{CC}$,输入 u_i,输出 u_o)	1. 功放管的静态工作点介于甲类和乙类之间,有不大的静态电流,波形的失真情况和效率介于甲、乙类之间 2. 静态电流很小 3. 适用于功率放大电路 4. 效率高

乙类与甲乙类低频功率放大器由于管耗小、放大电路效率高，故在功率放大电路中获得广泛应用。

（四）乙类双电源互补对称功率放大电路（OCL 电路）

1. 电路组成

乙类双电源互补对称功率放大电路如图 1-3-8 所示，其由一对 NPN 型和 PNP 型特性相同的互补三极管组成，采用正、负双电源供电。

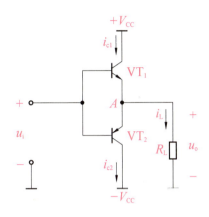

图 1-3-8　乙类双电源互补对称功率放大电路

2. 工作原理

两个三极管在信号正、负半周轮流导通，使负载得到一个完整的波形。

（1）静态分析。

当输入信号 $u_i = 0$ 时，由于电路结构对称，无偏置电压，此时基极电流 $I_B = 0$，A 点的静态电位 $U_A = 0$，流过 R_L 的静态电流为零。因此，该电路的输出不需要接输出电容。

（2）动态分析。

设输入信号 u_i 为正弦信号。在 u_i 的正半周内，VT_1 导通，VT_2 截止，此时，$i_L = i_{c1}$；在 u_i 的负半周内，VT_2 导通，VT_1 截止，此时，$i_L = i_{c2}$。

由于 VT_1 和 VT_2 管型相反、特性对称，在 u_i 的整个周期内，VT_1、VT_2 交替工作、互相补充，向负载 R_L 提供了完整的输出信号。故该电路称为乙类双电源互补对称功率放大电路。

（五）乙类单电源互补对称功率放大电路（OTL 电路）

1. 电路组成

乙类单电源互补对称功率放大电路如图 1-3-9 所示，与 OCL 电路不同的是，其由双电源改为单电源供电，输出端经大电容 C_L 与负载耦合。

2. 工作原理

（1）静态分析。

当输入信号 $u_i = 0$ 时，$I_B = 0$，由于两管特性对称，A 点的静

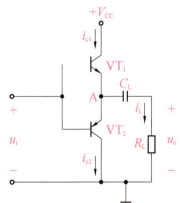

图 1-3-9　乙类单电源互补对称功率放大电路

态电位 $U_A = \frac{1}{2}U_{CC}$，则 C_L 上的静态电压 $U_{CL} = \frac{1}{2}U_{CC}$。由于 C_L 容量很大，此时就相当于一个电压为 $\frac{1}{2}U_{CC}$ 的直流电源。此外，在输出端耦合电容 C_L 的隔直作用下，流过 R_L 的静态电流为零。

（2）动态分析。

在 u_i 的正、负周期，其电路与 OCL 电路相似，VT_1、VT_2 交替工作、互相补充，通过 C_L 的耦合向负载 R_L 提供完整的输出信号。

（六）集成功率放大器

集成功率放大器以其输出功率大、外围连接元件少、使用方便等优点，越来越被广泛使用。目前，OTL 电路、OCL 电路均有各种输出功率和输出电压的多种型号的集成电路。使用时应注意其输出引脚外接电路的特征。

1. LM386 集成功率放大器

LM386 芯片是一种目前应用较多的小功率音频集成功率放大器，其内部电路为 OTL 电路。图 1-3-10 为 LM386 典型应用电路。

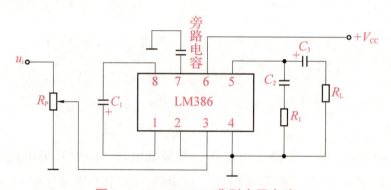

图 1-3-10　LM386 典型应用电路

LM386 芯片的典型应用参数：额定电源电压范围为 4~12 V，额定输出功率为 660 mW，带宽为 300 kHz，输入阻抗 50 kΩ。其引脚功能如表 1-3-3 所示。

表 1-3-3　LM386 引脚功能

引脚	功能	引脚	功能
1	电压增益	5	电压输出端
2	反相输入端	6	电源
3	同相输入端	7	旁路
4	地	8	电压增益

在实际应用中，往往在 1、8 引脚之间外接旁路电容，可使电压放大倍数提高到 200。5 引脚外接电容功放输出电容 C_3，以便构成 OTL 电路。

LM386 芯片具有功耗低、增益可调、允许的电源电压范围宽、通频带宽、外接元件少等优点，广泛应用于收录机、电视机伴音等系统中，是专为低损耗电源所设计的集成功率放大器。

2. 使用注意事项

目前国产的集成功率放大器型号繁多，性能参数及使用条件各不相同，为了全面发挥器件的功能，并确保器件安全可靠地工作，在实际使用中应注意以下4点。

（1）合理选择品种和型号。

集成功率放大器品种和型号的选择主要依据电路的要求，使所选用器件的主要性能指标均能同时满足电路要求。在任何情况下，都不允许超过器件任何的极限参数，这是因为在集成功率放大器使用中，即使是瞬时超过极限参数或某一两项工作条件超出极限参数，也有可能造成器件失效或者使电路性能变差，形成隐患，缩短使用寿命。

（2）合理安置元器件。

由于集成功率放大器处于大信号工作状态，如果在接线过程中元件分布排线走向不合理，则极容易产生自激或放大器工作不稳定现象，严重时甚至无法正常工作。

集成功率放大器的功率器件应安置在电路通风良好的部位，并远离前置放大级及耐热性能差的元件（如电解电容）；电路接地线要尽量短而粗，需要接地的引出端要尽量做到一点接地，接地端应与输出回路负载接地端靠在一起。

（3）按规定选用负载。

集成功率放大器的使用过程中，应在规定的负载条件下工作，切勿随意加重负荷，严禁输出负载短路。

（4）合理选用散热装置。

由于功率放大器件工作在大电压、大电流状态，器件所消耗的功率比较大，容易使器件温度升高而发热，当器件温度升高到一定程度后就会被损坏。因此需要改善散热条件，这样可使器件能承受更大的耗散功率，通常采用的散热措施就是给功率器件加装散热器。特别是对于中、大功率器件，只有按手册要求加装散热器方能正常工作。散热器是由铜、铝等导热性能良好的金属材料制成，并有各种规格成品可供选用。

四、巩固与练习

（一）基础巩固

1. 填空题

（1）为了使低频功率放大器输出足够大的功率，一般要求低频功率放大器的三极管的电压和电流都允许有_____。但又不超过三极管的_____。

（2）各类低频功率放大器中管耗大、效率低的是_____。

（3）低频功率放大器的效率是_____与_____之比。

2. 简答题

查阅资料了解功率放大器和电压放大器的区别,并与同学进行交流。

(二) 能力提升

查阅相关资料,了解除了 LM386 外还有哪些集成功率放大器芯片,了解它们的特征及应用,并与 LM386 进行对比,看看有哪些区别。

*第三单元 场效应管放大器

一、单元导入

场效应管放大电路是一种使用场效应管的放大器。和三极管一样,场效应管放大电路必须由偏置电路提供合适的静态工作点,使其工作在放大区。场效应管的主要优点是能提供非常高的输入阻抗以及低输出阻抗。

二、单元目标

(一) 知识目标

(1) 了解场效应管的结构、图形符号、电压放大作用及主要参数。
(2) 了解场效应管放大电路的特点及应用。

(二) 技能目标

能够识读场效应管的图形符号。

(三) 素养目标

(1) 培养学生的探索、创新意识。
(2) 培养学生严谨的学习态度。
(3) 培养学生科学的洞察力。

三、知识链接

（一）场效应管

场效应管不仅具有体积小、质量小、耗电省、寿命长等特点，而且还具有输入阻抗高、噪声低、热稳定性好、抗辐射能力强和制造工艺简单等优点，在大规模和超大规模集成电路中得到广泛应用。

根据结构的不同，场效应管可分为两大类，即结型场效应管和绝缘栅型场效应管。

1. 结型场效应管

结型场效应管按导电类型的不同分为两大类，即 N 沟道结型场效应管和 P 沟道结型场效应管。下面以 N 沟道转型场效应管为例，介绍结型场效应管。

1）结构及图形符号

图 1-3-11（a）为 N 沟道结型场效应管的结构。它是在一块 N 型单晶硅片两侧形成两个高掺杂浓度的 P 区，它们和中间夹着的 N 区之间形成两个 PN 结。两个 P^+ 区连在一起所引出的电极称为栅极 G，两个从 N 区引出的电极分别称为源极 S 和漏极 D。当 D、S 间加电压时，将有电流通过中间的 N 型区并在 D、S 间流通，因此导电沟道是 N 型的，故称为 N 沟道结型场效应管。

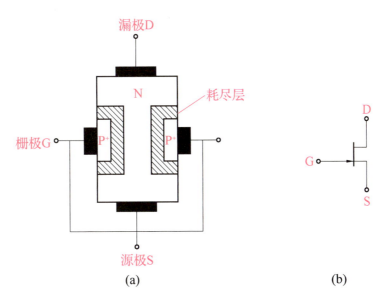

图 1-3-11　N 沟道结型场效应管

（a）结构；（b）图形符号

N 沟道结型场效应管的图形符号如图 1-3-11（b）所示，其中箭头的方向表示 PN 结正偏的方向，由 P 指向 N，因此从图形符号上可以直接看出 D、S 之间为 N 沟道，同时箭头位置在水平方向上与 S 对齐，因此也可以从图形符号上直接识别出 N 沟道结型场效应管的 G、S、D。

2）主要参数。

（1）夹断电压 $U_{GS(off)}$。

在漏极—源极间的电压 U_{DS} 为某一固定值的条件下，使漏极电流 I_D 几乎为零时的栅极—源极之间的电压叫作夹断电压。

（2）漏极饱和电流 I_{DSS}。

在 U_{DS} 为某一固定值的条件下，把栅极—源极短接时的漏极电流叫作漏极饱和电流，但 U_{DS} 必须大于夹断电压 $U_{GS(off)}$ 的绝对值。

（3）输入电阻 R_{GS}。

输入电阻是栅极—源极之间的电压与栅极电流的比值，用公式表示为

$$R_{GS} = \frac{U_{GS}}{I_G} \tag{1-3-7}$$

N 沟道结型场效应管正常工作时，栅极与源极之间的电压为负电压，栅极与源极之间的 PN 结反向偏置，此时栅极电流很小，所以输出电阻 R_{GS} 很大。

（4）栅极—源极击穿电压 $U_{(BR)GSO}$。

栅极—源极击穿电压是栅极—源极之间允许加的最高反向电压，当实际电压值超过 $U_{(BR)GSO}$ 时，会使栅极—源极之间的 PN 结击穿。

（5）跨导 g_m。

在 U_{DS} 为某一固定值的条件下，漏极变化电流 ΔI_D 与栅极—源极之间的变化电压 ΔU_{GS} 之比叫作跨导，即

$$g_m = \frac{\Delta I_D}{\Delta U_{GS}} \tag{1-3-8}$$

跨导 g_m 反映了场效应管栅极—源极之间的电压 U_{GS}（栅源电压）对漏极电流 I_D 的控制能力。

2. 绝缘栅型场效应管

绝缘栅型场效应管分为增强型和耗尽型两类，每类又有 P 沟道和 N 沟道两种，它们的工作原理相同。因此，这里以增强型 N 沟道绝缘栅型场效应管为例了解绝缘栅型场效应管。

图 1-3-12（a）为增强型 N 沟道绝缘栅型场效应管的结构。其图形符号如图 1-3-12（b）所示。

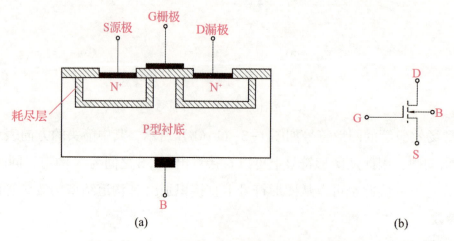

图 1-3-12　增强型 N 沟道绝缘栅型场效应管

（a）结构；（b）图形符号

(二)场效应管放大电路

根据输入与输出的公共端不同,场效应管放大电路可分为共源、共栅、共漏3种放大电路的形式。下面以共源放大电路为例来分析场效应管放大电路的组成和工作原理。

1. 自偏压共源放大电路

图1-3-13为自偏压共源放大电路,它由耗尽型绝缘栅型场效应管构成。电路从栅极输入信号,漏极输出信号,源极是信号输入与输出的公共端。

为了使共源放大电路实现不失真放大功能,与三极管共发射极放大电路一样,它也需要有一个合适的静态工作点,即合适的偏置电压(栅源电压 U_{GS})。

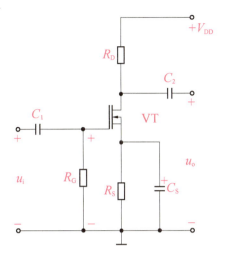

图1-3-13 自偏压共源放大电路

> **想一想,做一做**
>
> 利用 Multisim 10.0 仿真软件对所示电路进行仿真,如图1-3-14所示。观察自偏压共源放大电路的输出波形。
>
>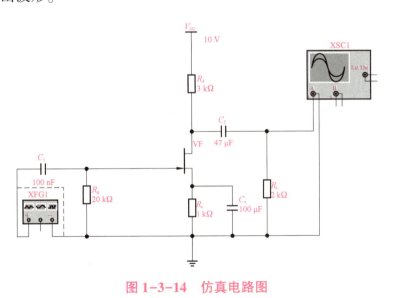
>
> 图1-3-14 仿真电路图

2. 分压式自偏压共源放大电路

图1-3-15为分压式自偏压共源放大电路,它是在自偏压电路的基础上加上分压电阻后组成的。其中 R_{G1}、R_{G2}、R_{G3} 为分压电阻。

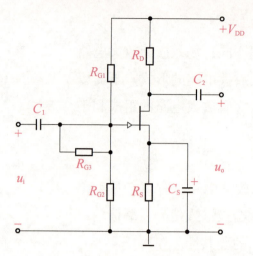

图 1-3-15　分压式自偏压共源放大电路

四、巩固与练习

（一）基础巩固

（1）场效应管按结构的不同分为＿＿＿＿和＿＿＿＿两大类，各类又有＿＿＿＿沟道和＿＿＿＿沟道的区别。

（2）根据输入与输出的公共端不同，场效应管放大电路可分为＿＿＿＿、＿＿＿＿、＿＿＿＿3种放大电路的形式。

（3）图 1-3-15 电路中，分压电阻分别为＿＿＿＿、＿＿＿＿和＿＿＿＿。

（二）能力提升

查阅资料了解自偏压共源放大电路与分压式自偏压共源放大电路的主要特征及应用。

*第四单元　谐振放大器

一、单元导入

谐振放大器是指采用谐振回路作负载的放大器。根据谐振回路的特性，谐振放大器对于靠近谐振频率的信号，有较大的增益；对于远离谐振频率的信号，其增益迅速下降。谐振放大器不仅具有放大作用，而且也起着滤波或选频的作用。

二、单元目标

（一）知识目标

（1）了解谐振放大器的电路图。

（2）理解谐振放大器的工作原理。

（3）了解谐振放大器的主要性能指标。

（二）技能目标

能够识读谐振放大器的电路图。

（三）素养目标

（1）培养学生的探索、创新意识。

（2）培养学生严谨的学习态度。

（3）培养学生科学的洞察力。

三、知识链接

谐振放大器一般在高频或者射频电路中比较常见，且常应用于小信号放大电路中。下面将主要介绍高频电路中的小信号谐振放大器。

（一）单谐振回路谐振放大器

1. 电路组成

图 1-3-16 为晶体管单谐振回路谐振放大器，简称单调谐放大器。

图中 R_{B1}、R_{B2}、R_E 构成分压式电流负反馈直流偏置电路，以保证晶体管工作在放大区。C_B、C_E 分别为基极、发射极旁路电容，用以短路交流高频信号。

2. 工作原理

当 LC 并联谐振回路调谐在输入信号频率上，回路产生谐振时，单调谐放大器输出电压最大，故电压增益也最大，将其称为谐振电压增益，用 A_{uo} 表示，即

$$A_{uo} = \frac{U_O}{U_i} = \frac{-g_m}{n_1 n_2 Ge} \qquad (1-3-9)$$

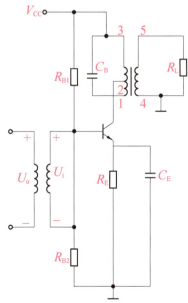

图 1-3-16　晶体管单谐振回路谐振放大器

其中，g_m 为晶体管的跨导，$g_m \approx I_{EQ}$（mA）/26mV；Ge 为 L_C 并联谐振回路的有载电导；n_1、n_2 分别为变压器的初级线圈和次级线圈，$n_1 = \dfrac{N_{13}}{N_{12}}$，$n_2 = \dfrac{N_{13}}{N_{45}}$。

当输入信号频率不等于单调谐放大器的谐振频率 f_0 时，其回路失谐，输出电压下降，故电压增益下降。

由于在谐振频率 f_0 附近很窄的频率范围内，晶体管的放大特性随频率变化不大。因此，单调谐放大器的增益频率特性决定 LC 并联谐振回路的频率特性。显然，单调谐放大器的选择性比较差。

（二） 多级单谐振回路谐振放大器

若单谐振回路谐振放大器的增益不能满足要求，则可采用多级单谐振回路谐振放大器级联。若各级谐振回路均调谐在同一频率上，则称为同步调谐；若各级谐振回路调谐在不同频率上，且称为参差调谐。

1. 同频调谐放大器

如果放大器由 n 级单调谐放大器级联而成，且各级谐振回路都调谐在同一频率上，则对于 LC 组成的并联谐振电路，其谐振频率的表达式为

$$f = \frac{1}{2\pi\sqrt{LC}} \tag{1-3-10}$$

其电压放大倍数为

$$A_{uo\Sigma} = A_{uo1} A_{uo2} \cdots A_{uon} \tag{1-3-11}$$

由于多级放大器的电压放大倍数等于各级放大倍数的乘积，所以级数越多，谐振增益越大，幅频特性曲线越尖锐，矩形系数越小，即选择性越好，但其通频带越窄。

2. 双参差调谐放大器

在多级放大器中，若每一组内各级谐振回路均调谐在不同频率上，且每两级为一组级联组成的称为双参差调谐放大器。其电压放大倍数等于两级放大倍数的乘积。因此，与单调谐放大器相比，双参差调谐放大器的幅频特性更接近于矩形形状，故其选择性比单调谐放大器好。

四、巩固与练习

（一） 基础巩固

单调谐放大器中各元件的作用分别是什么？

（二） 能力提升

除了小信号谐振放大器外还有高频信号放大器，请查阅相关资料，了解高频信号放大器的特点及应用。

 音频功放电路的安装与调试

一、任务目标

（一）知识目标

（1）掌握示波器及低频信号发生器的使用方法。
（2）掌握电路中各元件的作用及其检测方法。

（二）技能目标

（1）能够安装与调试音频功放电路。
（2）能够判断并检修音频功放电路。

（三）素养目标

（1）培养学生的安全意识和规范意识，提升其岗位职业素养。
（2）培养学生运用知识和实践动手的能力。
（3）培养学生高效、严谨的职业态度。

二、任务要求

利用所提供的的元件，安装音频功放电路，完成电路的调试与测量，从而提升学生的动手能力。

三、任务器材

通用印制电路板 1 块、指针万用表 1 只、直流稳压电源 1 只、电烙铁 1 只、功放电路元件套件 1 套。

四、任务实施

（1）核对器材，检测元件性能。
（2）根据图 1-3-19 中提供的电路图绘制布线图。
（3）插接元件，并进行可靠焊接。

（4）检查无误后进行通电测试。

（5）进行调试与数据测量，并将数据记录在表格中。

五、知识链接

音频功率放大器的基本功能是把前级送来的音频信号不失真地加以放大，输出足够的功率去驱动负载（扬声器）发出声音。放大器一般包括前置放大和功率放大两部分，前者以放大信号振幅为目的，因而又称电压放大器；后者的任务是放大输出功率，使其足以推动扬声器系统。

（一）电路组成

音频功率放大器通常是多级放大器，由电压放大级、推动级、输出级 3 部分组成，其组成框图如图 1-3-17 所示。

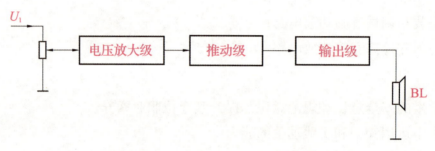

图 1-3-17 音频功率放大器组成框图

1. 电压放大级

电压放大级用来对输入信号进行电压放大，使加到推动级的信号电压达到一定的程度。根据机器对音频输出功率要求的不同，电压放大器的级数不等，可以只有一级电压放大器，也可以有多级电压放大器。

2. 推动级

推动级用来推动功放输出级，对信号电压和电流进行进一步放大，有时推动级还要完成输出两个大小相等、方向相反的推动信号。推动放大器也是一级电压、电流放大器，它工作在大信号放大状态。

3. 输出级

输出级将推动级送来的电流信号形成大功率信号，带动扬声器发声。其技术指标决定了整个功率放大器的技术指标。

（二）TDA2822 集成功放

集成功放由于外围电路简单、制作调试方便，广泛应用于各类音频功率放大电路中。本部分将以 TDA2822 为例介绍集成功率放大电路的引脚功能及其电路应用。

1. 引脚功能

TDA2822 具有电路简单、音质好、电压范围宽等特点，采用双列直插塑料封装结构，如

图 1-3-18 所示，其各引脚功能如表 1-3-4 所示。

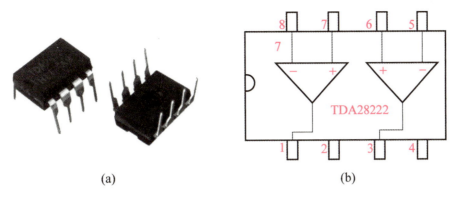

图 1-3-18　TDA2822 外形及引脚

（a）实物；（b）引脚

表 1-3-4　TDA2822 引脚功能

引脚	功能	引脚	功能
1	输出端 1	5	反向输入端 2
2	电源	6	正向输入端 2
3	输出端 2	7	正向输入端 1
4	地	8	反向输入端 1

2. 电路应用

图 1-3-19 为 TDA2822 应用于立体声功放的典型应用电路。图中 R_1、R_2 是输入偏置电阻；C_1、C_2 是接地电容，起负反馈作用；C_6、C_7 是输出耦合电容；R_3 与 C_4、R_4 与 C_5 是高次谐波抑制电路，用于防止电路振荡。该电路采用双声道输入输出，具有很好的立体声效果。

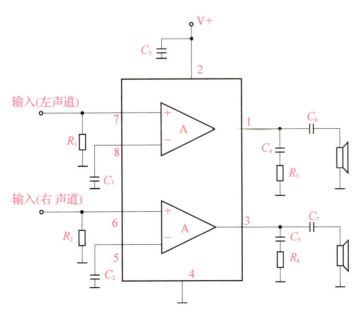

图 1-3-19　TDA2822 应用电路

六、任务测评

任务测评表如表 1-3-5 所示。

表 1-3-5　任务测评表

知识与技能（70 分）				
序号	测评内容	组内互评	组长评价	教师评价
1	1. 示波器及低频信号发生器的使用方法（15 分） 2. 电路中各元件的作用及其检测方法（15 分）			
2	1. 能够安装与调试音频功放电路（20 分） 2. 能够判断并检修音频功放电路（20 分）			
基本素养（30 分）				
1	具有安全意识和规范意识（10 分）			
2	态度端正，有良好的动手能力（10 分）			
3	能够有效地与他人交流（10 分）			
	综合评价			

七、巩固与练习

（一）基础巩固

请总结装配调试的经验和教训，并与同学进行分享。

（二）能力提升

在安装制作和维修过程中团队合作有何重要性质？如何利用团队合作完成任务？

模块四

直流稳压电源

当今社会人们极大地享受着电子设备带来的便利，但是所有的电子设备都有一个共同的电路——电源电路。大到超级计算机、小到袖珍计算器，所有的电子设备都必须在电源电路的支持下才能正常工作。由于电子技术的特性，电子设备对电源电路的需求就是能够提供持续稳定、满足负载需求的电能，而且通常情况下都要求提供稳定的直流电能。提供这种稳定的直流电能的电源就是直流稳压电源。直流稳压电源在电源技术中占有十分重要的地位，它主要由变压器、整流电路、滤波电路、稳压电路4部分组成。本模块主要介绍直流稳压电源中的集成稳压电源和开关稳压电源。

第一单元 集成稳压电源

一、单元导入

近年来，集成稳压电源已得到广泛应用，其中小功率的集成稳压电源以三端式串联型稳压器应用最为普遍。常见的三端集成稳压器有正电压输出的78系列和负电压输出的79系列。

二、单元目标

（一）知识目标

（1）了解三端集成稳压器的分类、型号及主要参数。
（2）了解三端集成稳压器的典型应用电路。

（二）技能目标

（1）能够识别三端集成稳压器的型号及引脚。
（2）能够识读集成稳压电源的电路图。

（三）素养目标

（1）培养学生的探索、创新意识。
（2）培养学生严谨的学习态度。
（3）培养学生科学的洞察力。

三、知识链接

（一）硅稳压二极管稳压电路

滤波电路能滤除脉动直流电压中的交流成分，输出比较平滑的直流电压，但其幅值往往随电网电压和负载电流的变化而变化，还不能满足电子电路的需要。因此，这就需要在滤波电路后再增加稳压电路，以保持电源电压或负载电流变化时输出的稳定的直流电压。

1. 电路组成

图 1-4-1 为硅稳压二极管稳压电路。

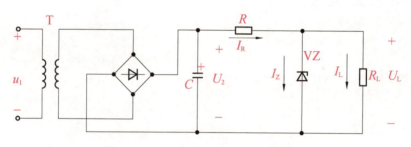

图 1-4-1　硅稳压二极管稳压电路

2. 工作原理

设负载 R_L 不变，若当电源电压 u_1 升高时，则整流输出电压 U_2 上升，导致稳压二极管 VZ 及 R_L 两端的电压 U_L 上升。只要 U_L 有很少增加，流过稳定二极管的电流 I_Z 就会显著增加，使 R 中的电流 I_R 增大，R 上的电压降 U_R 显著增加。因 $U_L=U_2-U_R$，所以 U_L 下降并保持稳定。其过程可表示为 $U_1\uparrow \to U_2\uparrow \to U_L\uparrow \to I_Z\uparrow \to I_R\uparrow \to U_R\uparrow \to U_L\downarrow$。

当电源电压不变时，由于负载变化同样保持输出电压稳定的过程如下。

假设当电源电压不变，则 U_2 亦不变，若由于负载变化使 U_L 下降，则 I_Z 减小，导致 R 中的电流 I_R 减小，U_R 下降，此时 U_L 上升，从而保持输出电压稳定。其过程可表示为 $U_L\downarrow \to I_Z\downarrow \to I_R\downarrow \to U_R\downarrow$（$U_2$ 不变）$\to U_L\uparrow$。

综上所述，由 R、VZ 组成的稳压电路是直接利用稳压二极管电流的变化，并通过限流电阻的调压作用达到稳压的目的。

（二）集成稳压电源

分立元件稳压电路存在组装麻烦、可靠性差、体积大、输出电流小等缺点。因此，稳压精度高、工作稳定可靠、外围电路简单、体积小、质量轻的集成稳压电源应运而生，并且在各种电源电路中得到普遍应用。下面主要介绍三端固定式集成稳压器和三端可调式集成稳压器两种集成稳压电源电路的应用。

1. 三端固定式集成稳压器

（1）型号及意义。

三端固定式集成稳压器有 CW78、CW79 系列，如图 1-4-2 所示。

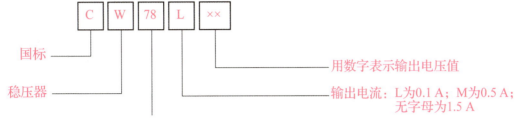

图 1-4-2　三端固定式集成稳压器

例如：CW7805 表示正电压为 5 V，电流为 1.5 A 的三端固定式集成稳压器。

（2）引脚识读。

CW78、CW79 系列三端固定式集成稳压器引脚如图 1-4-3 所示。

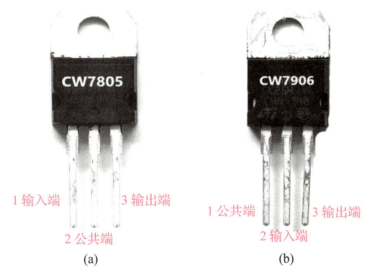

图 1-4-3　CW78、CW79 系列三端固定式集成稳压器引脚

(a) CW78 系列；(b) CW79 系列

（3）电路接法。

CW78、CW79 系列三端固定式集成稳压器电路如图 1-4-4 所示。

职教高考模拟题

若要求集成稳压器输出电压为 -5 V，最大输出电流为 0.1 A，则应选用的集成稳压器的型号是（　　）。

A. CW7805　　　B. CW78M05　　　C. CW79L05　　　D. CW7905

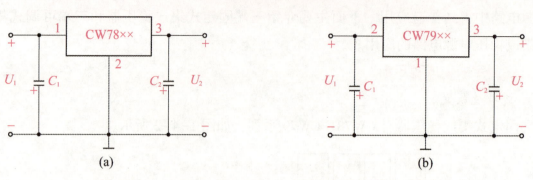

图 1-4-4　CW78、CW79 系列三端固定式集成稳压器电路

(a) CW78 系列；(b) CW79 系列

2. 三端可调式集成稳压器

(1) 型号及意义。

三端可调式集成稳压器有 CW117、CW337 系列，如图 1-4-5 所示。

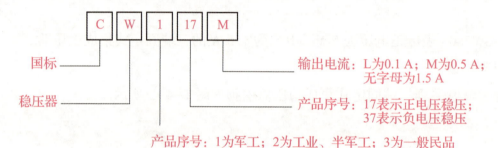

图 1-4-5　三端可调式集成稳压器

例如：CW117 为三端可调正输出集成稳压器，其输出正电压可调范围为 1.2～37 V，输出电流可达 1.5 A。

(2) 引脚识读。

CW117、CW337 系列三端可调式集成稳压器引脚如图 1-4-6 所示。

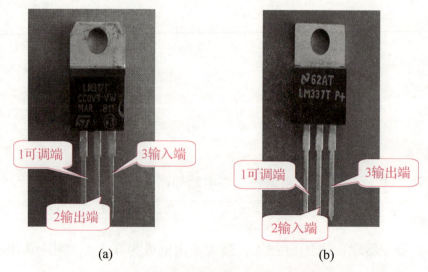

图 1-4-6　CW117、CW337 系列三端可调式集成稳压器引脚

(a) CW117 系列；(b) CW337 系列

(3) 电路接法。

CW317、CW337系列三端可调式集成稳压器电路如图1-4-7所示。

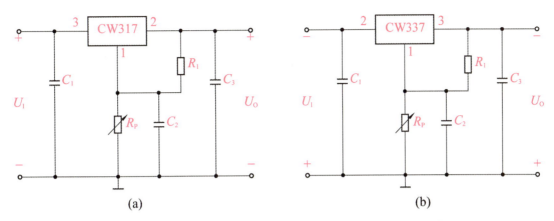

图1-4-7　CW317、CW337系列三端可调式集成稳压器电路

(a) CW317系列；(b) CW337系列

四、巩固与练习

（一）基础巩固

（1）三端可调式集成稳压器的三端是指_____、_____和_____。

（2）三端固定式集成稳压器的三端是指_____、_____和_____。

（3）常用的CW78系列是输出_____电压；CW79系列是输出_____电压；常用的CW317系列是输出_____电压；CW337系列是输出_____电压。

（二）能力提升

要获得+6 V的直流稳压电源，应该选用什么型号的三端固定式集成稳压器？试画出其接于电路中实现直流稳压的电路图。

＊第二单元　开关稳压电源

一、单元导入

开关稳压电源工作在开关状态，其电路具有功耗小、温升低、体积小、质量轻、效率高的特点，比传统的串联式稳压电源有更多的优越性。目前在很多电子产品，如电视机、影碟机、摄录一体机、计算机、仪器仪表等设备中都广泛地采用了开关稳压电源。

二、单元目标

（一）知识目标

（1）了解开关稳压电源的框图及稳压原理。

（2）了解开关稳压电源的主要优点。

（二）技能目标

（1）能够画出开关稳压电源的框图。

（2）能够列举开关稳压电源在电子产品中的典型应用。

（三）素养目标

（1）培养学生的探索、创新意识。

（2）培养学生严谨的学习态度。

（3）培养学生科学的洞察力。

三、知识链接

（一）串联式开关稳压电路

1. 电路组成

图 1-4-8 为串联式开关稳压电路组成框图。

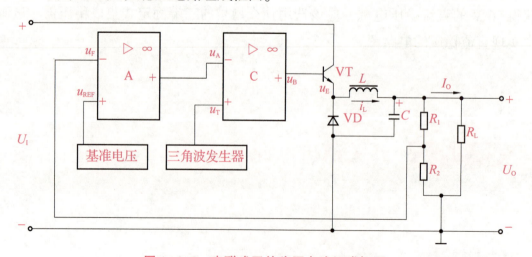

图 1-4-8　串联式开关稳压电路组成框图

图中 VT 为开关调整管，它与负载 R_L 串联；VD 为续流二极管，L、C 为储能元件；R_1 和 R_2 组成取样电路；A 为误差放大器、C 为电压比较器，它们与基准电压、三角波发生器组成开关调整管的控制电路。

2. 工作原理

当电网电压或负载变动引起输出电压 U_o 变化时，取样电路将输出电压 U_o 的一部分反馈回比较放大器与基准电压中进行比较，产生的误差电压与三角波进行比较后变换成矩形波经放大后去控制调整管的导通时间，补偿 U_o 的变化，从而维持输出电压的基本不变，这就实现了稳压的目的。

（二）集成开关稳压器及其应用

这里以 CW1524 系列集成开关稳压器为例，介绍集成开关稳压器的结构特点及其应用。

CW1524 既是一款脉宽调制开关稳压电源控制器，也是双极型工艺，模拟、数字混合集成电路。其内部电路包括基准电压源、误差放大器、振荡器、脉宽调制器、触发器、两只输出功率晶体管及过流、过热保护电路等。

CW1524/CW2524/CW3524 的工作原理完全相同，区别在于工作温度不同。CW1524 为Ⅰ类军品，适于 $-55\sim+125$℃ 的环境温度；CW2524 为Ⅱ类工业品，适于 $-40\sim+85$℃ 的环境温度；CW3524 为Ⅲ类民品，适于 $0\sim+70$℃ 的环境温度。其外形及引脚排列图分别如图 1-4-9（a）、图 1-4-9（b）所示。

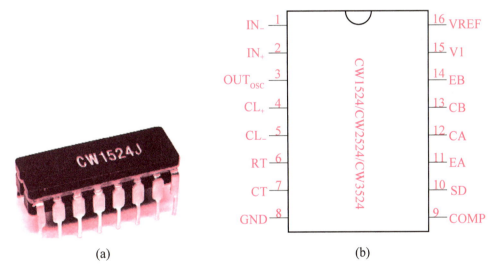

图 1-4-9　CW1524/2524/3524 系列芯片

（a）外形；（b）引脚排列图

其中，CW1524 的输入电压范围为 $8\sim40$ V，最高工作频率为 100 kHz，内部基准电压为 5 V，负载电流为 20 mA。CW1524 系列采用直插式 16 脚封装工艺。

CW1524 系列的典型应用电路如图 1-4-10 所示。

（三）集成开关稳压器的主要优点

"开关型稳压电源"与"串联型稳压电源"相比，具有高效节能、体积小、重量轻等诸多优点。其主要优点可概括为以下 5 点。

（1）功耗小、效率高。

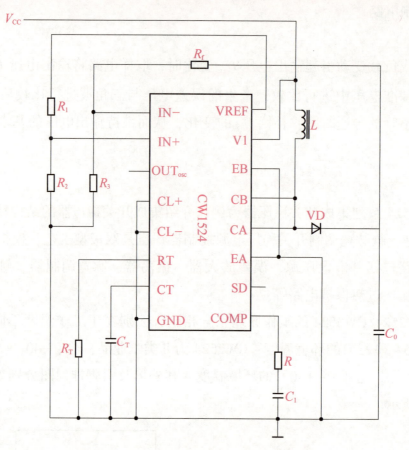

图 1-4-10　CW1524 系列的典型应用电路

（2）体积小、重量轻。

（3）稳压范围宽。

（4）滤波的效率大幅提高，使滤波电容的容量和体积大幅减少。

（5）电路形式灵活多样。

四、巩固与练习

（一）基础巩固

开关稳压电源主要优点有哪些？

（二）能力提升

查阅资料了解常用集成开关稳压器的特点及应用。

 三端可调式集成稳压器构成的直流稳压电源的组装与调试

一、任务目标

（一）知识目标

（1）掌握三端可调式集成稳压器的工作原理。
（2）掌握集成稳压电路的基本调试和测量方法。

（二）技能目标

（1）能够安装与调试直流稳压电源。
（2）能够正确测量稳压性能、调压范围。
（3）能够判断并排除直流稳压电源的简单故障。

（三）素养目标

（1）培养学生的安全意识和规范意识。
（2）提升学生综合运用知识的能力。
（3）培养学生分析问题和解决问题的能力。

二、任务要求

通过制作三端可调式集成稳压器构成的直流稳压电源，使学生学会选用元件，并完成电路的调试与排故，从而提升其综合运用知识、分析问题和解决问题的能力。

三、任务器材

通用印制电路板1块、指针万用表1只、变压器1只、二极管6只、电阻1只、滑动变阻器1只、电容3只、三端可调式集成稳压器1只（CW317）、电烙铁1只。

四、任务实施

（1）核对器材，检测元件性能。

（2）根据图 1-4-11 中提供的电路图绘制布线图。

（3）插接元件，并进行可靠焊接。

（4）检查无误后进行通电测试。

（5）测量直流稳压电源的相关数据，并记录在表格中。

五、知识链接

用三端可调式集成稳压器构成的直流稳压电源如图 1-4-11 所示。其由整流滤波电路、可调稳压电路和取样电路组成。

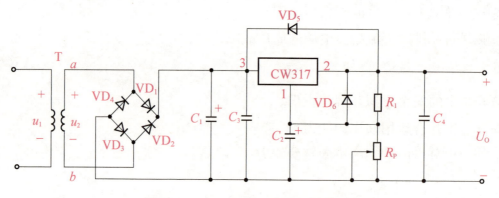

图 1-4-11　CW317 典型应用电路

（一）电路组成

整流滤波电路——由变压器 T、4 只整流二极管 $VD_1 \sim VD_4$ 和 C_1 组成；

可调稳压电路——主要由 CW317 组成；

取样电路——由电阻 R_1 和可变电阻 R_P 组成。

C_2 为旁路电容，用于减小取样电阻两端的纹波电压；C_3、C_4 的作用是用来抑制高频干扰和防止产生自激振荡；VD_5 是保护二极管，用来防止输入端发生短路时因 C_4 放电可能造成的内部调整管的损坏；VD_6 也是保护二极管，当输出端出现短路时，C_2 两端的电压作用在 VD_6 两端使它正偏而导通，为 C_2 提供放电通路，避免上 C_2 的电压击穿内部的放大管。

（二）工作原理

u_2 两端的正弦交流电压经整流电路后输出电压为单相脉动电压；整流后的单相脉动直流电压经滤波电路后输出电压为比较平滑的直流电压；整流滤波后的直流电压经可调稳压电路

后的输出电压稳定在一定的可调范围,通过调整变阻器 R_p 的值可以改变输出电压 U_o 的大小。

六、任务测评

任务测评表如表 1-4-1 所示。

表 1-4-1　任务测评表

序号	测评内容（70 分）	知识与技能（70 分）		
		组内互评	组长评价	教师评价
1	1. 三端可调式集成稳压器的工作原理（10 分） 2. 集成稳压电路的基本调试和测量方法（10 分）			
2	1. 能够安装与调试直流稳压电源（20 分） 2. 能够正确测量稳压性能、调压范围（10 分） 3. 能够判断并检修直流稳压电源的简单故障（20 分）			
	基本素养（30 分）			
1	无迟到、早退及旷课行为（10 分）			
2	具有安全意识和规范意识（10 分）			
3	能够独立解决问题（10 分）			
	综合评价			

六、巩固与练习

（一）基础巩固

请总结装配调试的经验和教训,并与同学进行分享。

（二）能力提升

在安装制作和维修过程中团队合作有何重要性？如何利用团队合作完成任务？

模块五

正弦波振荡电路

正弦波振荡电路是指不需要输入信号控制就能自动地将直流电转换为特定频率和振幅的正弦交流电压（电流）的电路，广泛应用于各种电子设备中。如无线发射机中的载波信号源、超外接收机中的本地振荡信号源、电子测量仪器中的正弦波信号源、数字系统中的时钟信号等。

 第一单元　振荡电路的组成

一、单元导入

能够产生振荡电流的电路叫作振荡电路。其一般由电阻、电感、电容等元件组成，在电子科学技术领域中得到了广泛的应用，如通信系统中发射机的载波振荡器、接收机中的本机振荡器、医疗仪器以及测量仪器中的信号源等。

二、单元目标

（一）知识目标

（1）掌握正弦波振荡电路的组成框图及类型。
（2）理解振荡器产生自激振荡的条件。

（二）技能目标

（1）能够画出振荡电路的结构框图。
（2）能够判断振荡电路是否产生自激振荡。

（三）素养目标

（1）培养学生的自主学习能力。

(2)培养学生科学的洞察力。

(3)培养学生良好的职业素养。

三、知识链接

(一) 正弦波振荡电路的组成

正弦波振荡电路由放大电路、反馈电路、选频网络和稳幅电路等部分组成,其组成框图如图 1-5-1 所示。

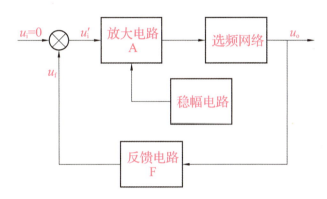

图 1-5-1 正弦波振荡电路组成框图

其中,放大电路——具有放大信号作用,并将直流电能转换成振荡的能量。

反馈电路——将输出信号的一部分或全部正反馈到放大器的输入端,作为输入信号,使电路产生自激振荡。

选频网络——用于选择某一频率的信号,使电路保证在这一频率下产生振荡。

稳幅电路——用于稳定输出电压振幅、改善振荡波形,使振荡器持续工作。

(二) 自激振荡

自激振荡是指不外加激励信号而自行产生的恒稳和持续的振荡。即在放大电路的输入端不加输入信号,而在输出端仍有一定的幅值和频率的输出信号,这种现象就是自激振荡。

自激振荡电路一般有 2 个任务:一要能够产生振荡;二要能够维持振荡持续不停,即不仅相位要相同,而且幅度也要相等。

因此自激振荡产生的条件有以下 2 个。

1. 相位平衡条件

由于电路中存在电抗元件,放大电路和反馈电路都会使信号产生一定的相移。因此,要维持振荡,电路必须是正反馈,其条件为

$$\Phi_A + \Phi_F = 2n\pi \ (n=0, 1, 2, 3\cdots) \tag{1-5-1}$$

其中 Φ_A 为放大电路的相移,Φ_F 为反馈电路的相移,其和为相位差。

相位平衡条件说明,反馈电压的相位与净输入电压的相位必须相同,即反馈回路必须是

正反馈。

2. 振幅平衡条件

由放大电路输出端反馈到放大电路输入端的信号强度要足够大,即满足自激振荡的振幅平衡条件,其条件为

$$|AF| \geqslant 1 \qquad (1-5-2)$$

其中 A 是放大电路的放大倍数,F 是反馈电路的反馈系数。

振幅平衡条件说明,若要维持等幅振荡,则反馈电压的大小必须等于净输入电压的大小,即 $u_f = u'_i$。

四、巩固与练习

(一) 基础巩固

(1) 振荡电路正反馈的作用是( )。

A. 满足振荡幅值平衡条件　　B. 使振荡器能够稳定工作

C. 满足振荡相位平衡条件　　D. 维持振荡

(2) 振荡电路不包括( )。

A. 放大电路　　B. 选频网络　　C. 反馈电路　　D. 功放电路

(3) 没有输入信号而有输出信号的放大电路是( )。

A. 振荡器　　B. 稳压器　　C. 射极输出器　　D. 负反馈放大器

(二) 能力提升

振荡器必须满足的相位平衡与振幅平衡条件分别是什么?怎样才能产生自激振荡?

一、单元导入

正弦波振荡电路按反馈网络性质可分为两大类,一类是由电阻、电容元件和放大电路组成的正弦波振荡电路,称为 RC 正弦波振荡电路;另一类是由电感、电容元件和放大电路组成的正弦波振荡电路,称为 LC 正弦波振荡电路(含石英晶体振荡器)。

二、单元目标

（一）知识目标

（1）了解 LC 正弦波振荡电路、石英晶体振荡器的电路图。

（2）理解 LC 正弦波振荡电路的工作原理。

（二）技能目标

（1）能识读 LC 正弦波振荡电路、石英晶体振荡器的电路图。

（2）能够估算各振荡电路的振荡频率。

（三）素养目标

（1）培养学生的探索、创新意识。

（2）培养学生严谨的学习态度。

（3）培养学生科学的洞察力。

三、知识链接

（一）LC 正弦波振荡电路

采用 LC 谐振回路作为选频网络的振荡电路称为 LC 正弦波振荡电路，它主要用来产生高频正弦振荡信号，其振荡信号频率一般在 1MHz 以上。根据反馈形式的不同，LC 正弦波振荡电路可分为变压器耦合式振荡电路、电感三点式振荡电路和电容三点式振荡电路。

1. 变压器耦合式振荡电路

图 1-5-2 为变压器耦合式振荡电路，主要由分压式偏置电路、选频网络及反馈网络 3 部分组成。

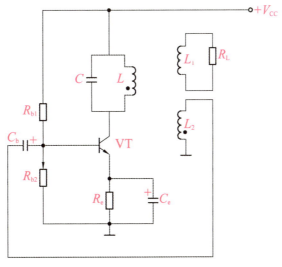

图 1-5-2　变压器耦合式振荡电路

1)电路组成

分压式偏置电路——由 R_{b1}、R_{b2}、R_e 和 C_e 组成。

选频网络——由变压器的一次绕组和电容 C 组成。

反馈网络——由 L_2 和 C_b 组成。

L_1 作为振荡信号的输出端接负载 R_L。

2)工作原理

(1)起振。

接通直流电源瞬间,电路中出现一个电脉冲,这个电脉冲激起的起始信号 i_B、i_c 含有多种频率的交流成分。通过 LC 回路的选频作用,选出频率等于 LC 回路的固有频率,即

$$f=f_0=\frac{1}{2\pi\sqrt{LC}} \qquad (1\text{-}5\text{-}3)$$

通过正反馈→放大→再正反馈→再放大……,如此循环工作,于是电路起振。能否起振的关键有两点:一是将 L_2 接成正反馈,二是反馈信号大于输入端信号。

(2)振幅的稳定。

起振后,由于正反馈和放大作用,振幅不断增大,但绝不会无限制地增大。因为三极管的放大作用是非线性的,当其输出信号大到一定程度后,三极管的工作范围便进入非线性区,其放大能力下降,振幅不再增加,于是自动维持平衡,此时反馈信号等于输入端信号。

2. 电感三点式振荡电路

图 1-5-3 为电感三点式振荡电路。从其交流通路可看出,振荡线圈的 3 个点分别与三极管的 3 个极相连,故称为电感三点式振荡电路。

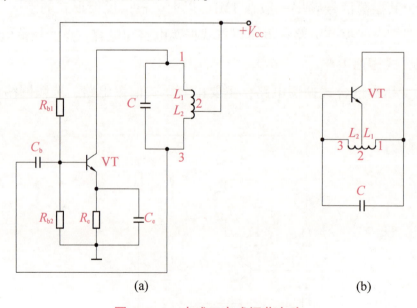

图 1-5-3 电感三点式振荡电路

(a)电路原理图;(b)交流通路

1)电路组成

电感三点式振荡电路由分压式偏置电路、选频网络、反馈网络 3 部分组成。

其中:分压式偏置电路——由 VT、R_{b1}、R_{b2}、R_e 和 C_e 组成;

选频网络——由 L_1 和 C 组成;

反馈网络——由 L_2 与 C_b 组成。

2)谐振频率

电感三点式振荡电路的谐振频率用 f_0 表示,其表达式为

$$f_0 = \frac{1}{2\pi\sqrt{LC}} = \frac{1}{2\pi\sqrt{(L_1+L_2+2M)C}} \tag{1-5-4}$$

其中 M 为线圈 L_1 和 L_2 之间的互感系数。

3)特点

电感三点式振荡电路的特点是易起振、输出幅度大,但其输出波形不理想。因此,该电路常用于对输出波形要求不高的场合。

3. 电容三点式振荡电路

图 1-5-4 为电容三点式振荡电路,从图中可看出电容的 3 个点分别与三极管的 3 个极相连,故称为电容三点式振荡电路。

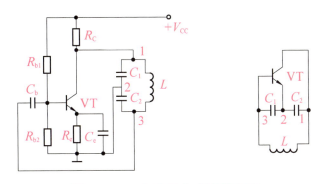

图 1-5-4 电容三点式振荡电路

(a)电路原理图;(b)交流通路

1)电路组成

电容三点式振荡电路由分压式偏置电路、选频网络、反馈网络 3 部分组成。

其中:分压式偏置电路——由 VT、R_{b1}、R_{b2}、R_e 和 C_e 组成;

选频网络——由 L、C_1 和 C_2 组成;

反馈网络——正反馈电压取自 C_2。

2)谐振频率

电容三点式振荡电路的谐振频率用 f_0 表示,其表达式为

$$f_0 = \frac{1}{2\pi\sqrt{LC}} = \frac{1}{2\pi\sqrt{L \cdot \frac{C_1 C_2}{C_1+C_2}}} \tag{1-5-5}$$

3）特点

电容三点式振荡电路的特点是振荡频率较高、振荡稳定，而且输出波形较好。但是，在改变频率时，必须同时调节 C_1 和 C_2，操作起来很不方便。

（二）石英晶体振荡器

为提高振荡器的频率稳定度，将 LC 振荡器中选频网络的一部分用石英晶体替代的振荡器，称为石英晶体振荡器。

为了保证振荡器的振荡频率是在石英晶体的控制下产生的，所以石英晶体接入线路的方式有两种：一种是将石英晶体取代 LC 振荡器的一个电感。石英晶体在电路起振后呈现感抗，和电路中的电容 C_1、C_2 组成一个并联振荡回路，故称为并联型石英晶体振荡器。如图 1-5-5 所示。

并联型石英晶体振荡器的选频回路由 C_1、C_2 和石英晶体组成，其振荡频率基本上由石英晶体的固定频率决定，受 C_1、C_2 及三极管间电容 C_{be}、C_{ce} 的影响较小，因此振荡频率稳定度很高。

另一种是将石英晶体串接在放大器的正反馈电路中，如图 1-5-6 所示。在石英晶体的串联谐振频率上，石英晶体呈现很低的阻抗，其正反馈最强，很容易激起振荡，故称为串联型石英晶体振荡器。

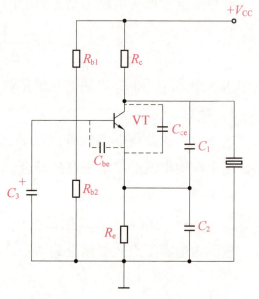

图 1-5-5　并联型石英晶体振荡器

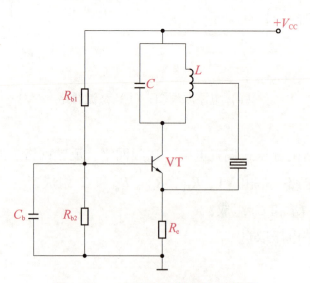

图 1-5-6　串联型石英晶体振荡器

串联型石英晶体振荡器电路中的石英晶体接在组成的两级放大器的正反馈网络中，起到选频和正反馈的作用。

四、巩固与练习

（一）基础巩固

1. 填空题

（1）根据反馈形式的不同，LC 正弦波振荡电路可分为＿＿＿＿、＿＿＿＿和＿＿＿＿。

（2）为提高振荡器的频率稳定度，将 LC 振荡器中选频网络的一部分用＿＿＿＿替代的振荡器，称为石英晶体振荡器。

（二）能力提升

石英晶体振荡器分为哪几类？石英晶体在各类振荡器中分别等效为什么元件？

*技能实训　制作 RC 正弦波振荡电路

一、任务目标

（一）知识目标

（1）理解 RC 正弦波振荡电路的工作原理。

（2）掌握 RC 正弦波振荡电路振荡频率的计算方法。

（二）技能目标

（1）能够绘制 RC 正弦波振荡电器装接图和布线图。

（2）能用示波器观测 RC 正弦波振荡电器振荡波形，并用频率计测量振荡频率。

（3）能排除振荡器的常见故障。

（三）素养目标

（1）培养学生的安全意识和规范意识。

（2）培养学生运用知识和实践动手能力。

（3）培养学生高效、严谨的职业态度。

二、任务要求

通过制作 RC 正弦波振荡电路，使学生学会选用元件，并完成电路的调试，从而加深对振荡电路的理解。

三、任务器材

通用印制电路板 1 块、直流稳压电源 1 只、指针万用表 1 只、信号发生器 1 只、示波器 1 只、变阻器 1 只、RC 桥式振荡器元件套件 1 套、电烙铁 1 只。

四、任务实施

（1）核对器材，检测元件性能。
（2）根据图 1-5-7 中提供的电路原理图绘制布线图。
（3）插接元件，并进行可靠焊接。
（4）检查无误后进行通电测试。
（5）测量振荡电路的相关参数，并记录在表格中。
（6）调节 R_P 的大小，观察相关参数的变化情况。

五、知识链接

采用 RC 选频网络构成的振荡电路称为 RC 桥式振荡电路，它适用于低频振荡，一般用于产生 1 Hz～1 MHz 的低频信号。实用的 RC 正弦振荡电路有多种形式，最基本的电路是 RC 桥式振荡电路（见图 1-5-7），它由同相放大器和具有选频作用的 RC 串并联正反馈网络组成。

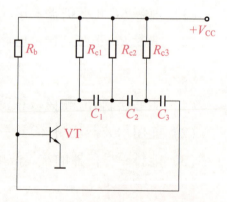

图 1-5-7 并联型石英晶体振荡器

（一）电路组成

RC 桥式振荡电路由放大电路、选频网络、正反馈网络、稳幅环节 4 部分构成。

（二）谐振频率

RC 振荡电路的谐振频率用 f_0 表示，其表达式为

$$f_0 = \frac{1}{2\pi\sqrt{6}RC} \tag{1-5-6}$$

（三）特点

RC 桥式振荡电路产生的振荡频率可以很低，元件体积小、价格便宜、调节方便，因此在

音频振荡、遥控等设备中广泛应用。

六、任务测评

任务测评如表 1-5-1 所示。

表 1-5-1　任务测评表

序号	测评内容（70 分）	组内互评	组长评价	教师评价
知识与技能（70 分）				
1	1. RC 正弦波振荡电路的工作原理（10 分） 2. RC 正弦波振荡电路振荡频率的计算方法（10 分）			
2	1. 能够绘制 RC 正弦波振荡电路的装接图和布线图（10 分） 2. 能用示波器观测振荡波形，并用频率计测量振荡频率（20 分） 3. 能排除振荡器的常见故障（20 分）			
基本素养（30 分）				
1	无迟到、早退及旷课行为（10 分）			
2	具有安全意识和规范意识（10 分）			
3	能够将所学知识进行灵活运用（10 分）			
	综合评价			

七、巩固与练习

（一）基础巩固

查阅资料了解 RC 正弦波振荡电路的工作过程，并与 LC 振荡电路进行比较。

（二）能力提升

请谈谈你对此电路实用化的进一步设想。

模块六

晶闸管及其振荡电路

晶闸管是一种以弱电来控制强电的电子元件，具有硅整流器件的特性，能在高电压、大电流条件下工作，且其工作原理可以控制，在实际的生活生产过程中应用广泛。如灯光调节、电炉的自动恒温控制、直流电动机调速、同步电动机励磁等。

第一单元　一般晶闸管及其应用

一、单元导入

晶闸管又称可控硅，是一种大功率开关型半导体器件。它具有体积小、效率高、寿命长等优点。在自动控制系统中，可作为大功率驱动器件，实现用小功率元件控制大功率设备的功能。

二、单元目标

（一）知识目标

（1）了解晶闸管的结构、图形符号、引脚排列及工作特性。
（2）了解晶闸管在可控整流、交流调压等方面的应用。

（二）技能目标

（1）会用万用表判断晶闸管的引脚极性。
（2）会用万用表检测晶闸管的性能优劣。

（三）素养目标

（1）提升学生自主学习能力。

（2）提升学生细致严谨、精益求精的工匠精神。

三、知识链接

（一）晶闸管的结构

晶闸管的常见外形有螺栓型、平板型及小型塑封式等，如图 1-6-1 所示。

图 1-6-1　晶闸管的常见外形

（a）螺栓型晶闸管；（b）平板型晶闸管；（c）小型塑封式晶闸管

单向晶闸管有 3 个极，分别是阳极 A、阴极 K 和控制极 G。其由 4 层半导体（P、N、P、N）和 3 个 PN 结组成，其结构及图形符号如图 1-6-2 所示。

（二）晶闸管的特性

图 1-6-3 为晶闸管工作特性测试电路原理图，其中晶闸管阳极 A、阴极 K、负载 HL（灯泡）、开关 S_1 和电源 U_{A1}/U_{A2} 构成的回路称为主回路；控制极 G、阴极 K、开关 S_2 和电源 U_{GG} 构成的回路称为控制回路。

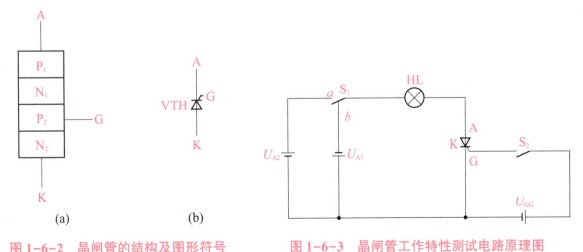

图 1-6-2　晶闸管的结构及图形符号

（a）结构；（b）图形符号

图 1-6-3　晶闸管工作特性测试电路原理图

根据电路原理图，将一只灯泡、一只晶闸管、开关和电源连接成实验电路。分 5 种情况进行测试，并将测试结果填入表 1-6-1 所示的晶闸管工作特性测试结果中，并进行特性总结。

表 1-6-1　晶闸管工作特性测试结果

S₁状态	主回路	控制回路	灯亮/灭情况
置于 b	加反向电压	无论开关 S₂ 合上与否	灭
置于 a	加正向电压	S₂ 断开	灭
置于 a	加正向电压	S₂ 闭合	亮
置于 a	晶闸管一旦导通	S₂ 断开	亮
断开		无论开关 S₂ 合上与否	灭

由实验可知晶闸管具有以下 5 个工作特性。

(1) 反向阻断性。

开关 S_1 置于 b 处，给晶闸管加反向电压，此时无论开关 S_2 闭合与否，指示灯都不亮。说明晶闸管加反向电压不导通，其具有反向阻断性。

(2) 正向阻断性。

开关 S_1 置于 a 处，给晶闸管加正向电压，此时若开关 S_2 断开，则指示灯不亮。说明晶闸管即使加正向电压，但不加触发电压也不能导通，即晶闸管具有正向阻断性。

(3) 正向触发导通。

开关 S_1 置于 a 处，给晶闸管加正向电压，此时若开关 S_2 闭合，则指示灯亮。说明晶闸管正向触发导通。

(4) 持续导通。

晶闸管一旦导通，除去触发电压（断开开关 S_2），指示灯仍然亮。说明晶闸管控制极的作用仅仅是触发晶闸管导通，一旦其导通后，控制极便失去作用。

(5) 重新关断。

若要使已导通的晶闸管重新关断，则必须把阳极电流减小到维持电流大小。

职教高考模拟题

关于晶闸管的导通，说法正确的是（　　）。
A. 阴极和阳极间加正向电压　　B. 阴极和控制极间加正向电压
C. 阳极电流小于维持电流　　D. 晶闸管导通后控制极失去作用

（三）晶闸管的主要参数

1. 额定通态平均电流 I_F

额定通态平均电流是指晶闸管允许通过的工频正弦半波电流的平均值，通常应大于正常工作平均电流的 1.5~2 倍。

2. 正向通态压降 U_F

正向通态压降是指晶闸管从导通状态过渡到某一稳态时，额定通态平均电流 I_F 所对应的管压降。正向压降越低，表明其导通损耗越小。

3. 维持电流 I_H

维持电流是指在室温下，控制极开路，晶闸管被触发导通后，维持导通状态所必需的最小电流。导通电流应不小于维持电流。

（四）晶闸管的识别与检测

1. 引脚的识别

（1）根据封装形式识别引脚极性。

螺栓型普通晶闸管的引脚识别如图 1-6-4 所示。螺栓型普通晶闸管的引线端为控制极 G，平面端为阳极 A，另一端为阴极 K；金属壳封装的普通晶闸管，其外壳为阳极 A；塑封的普通晶闸管的中间引脚为阳极 A，且多与自带散热片相连。

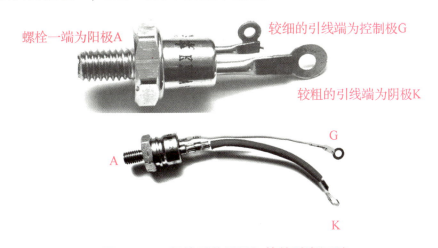

图 1-6-4　螺栓型普通晶闸管的引脚识别

（2）用万用表判别引脚极性。

根据单向晶闸管的结构原理，G、K 之间相当于一个二极管，其中 G 为正极，K 为负极，所以可用万用表电阻挡的 R×100 挡测其任意两个引脚间的正、反向电阻，直到找出读数最小的一对引脚。此时黑表笔所接引脚为控制极 G，红表笔所接引脚为阴极 K，另一引脚为阳极 A。

2. 性能的判别

（1）用万用表 R×1 k 挡测晶闸管阳极 A、阴极 K 间的正、反向电阻。
①若阻值都相当大（指针只动一点），则说明晶闸管阳极、阴极间是正常的。
②若阻值不大或为零，则说明元件性能不好或内部短路；

（2）用 R×1 挡或 R×10 挡测控制极 G 与阴极 K 间的正、反向电阻。
①若反向阻值比正向阻值大，则说明晶闸管性能正常。
②若阻值为零，或无穷大，则说明控制极与阴极已短路或断路。

（五）晶闸管的应用

1. 单相半波可控整流电路

生产生活中需要大量电压可调的直流电源，如直流电动机调速、同步电动机励磁、电焊、电镀等。用晶闸管组成的整流电路可以把交流电变换成电压大小可调的直流电，称之为可控整流电路。

（1）电路组成。

图1-6-5为单相半波可控整流电路，它由电源变压器T，晶闸管VTH及负载R_L组成。

（2）工作原理。

在u_2的正半周，a端为正、b端为负，在$\omega t = \alpha$时，晶闸管控制极加上触发电压，晶闸管导通。若忽略正向管压降，电源电压全部加到R_L上，则R_L上通过的电流为i_L。当$\omega t = 180°$时，$u_2 = 0$，流过晶闸管的电流也随之降为零，小于晶闸管的维持电流，晶闸管自行关断。

在u_2的负半周，a端为负、b端为正，晶闸管承受反向电压而阻断，直到下一个周期，当第2个触发脉冲到来时，晶闸管再次导通。

如此周而复始，负载R_L上就能得到稳定的缺角半波电压，单相半波可控整流电路输入、输出波形如图1-6-6所示。

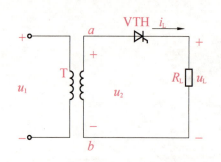

图1-6-5 单相半波可控整流电路

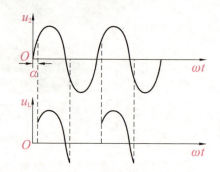

图1-6-6 单相半波可控整流电路输入、输出波形

（3）电路计算。

单相半波可控整流电路的输出电压和电流的平均值分别为

$$U_L = 0.45 \frac{U_2(1+\cos\alpha)}{2} \tag{1-6-1}$$

$$I_L = 0.45 \frac{U_2(1+\cos\alpha)}{2R_L} \tag{1-6-2}$$

（4）电路特点。

单相半波可控整流实现了对输出电压的控制，广泛应用于电压可调的电路中。例如，用于直流电机中可以实现无级调速。

2. 单相交流调压电路

单相交流调压电路是指对单相交流电的电压进行调节的电路。可用在电热控制、交流电动机速度控制、灯光控制和交流稳压器等场合。

(1) 电路组成。

图1-6-7为单相交流调压电路。图中两个晶闸管反向并联后，再与负载电阻串联。

(2) 工作工程。

在 u_2 的正半周，a 端为正、b 端为负，晶闸管 VTH_1 导通，负载 R_L 上的电压为 u_L。

在 u_2 的负半周，a 端为负、b 端为正，晶闸管 VTH_2 导通，负载 R_L 上的电压同样为 u_L。因此，我们得到单相交流调压电路输入、输出波形，如图1-6-8所示。

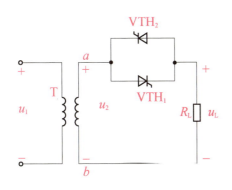

图1-6-7　单相交流调压电路

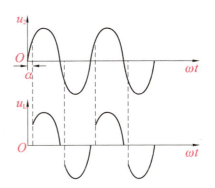

图1-6-8　单相交流调压电路输入、输出波形

(3) 电路特点。

与自耦变压器调压方法相比，单相交流调压电路控制方便，调节速度快，装置的重量轻、体积小，有色金属消耗也少。

四、巩固与练习

（一）基础巩固

(1) 单向晶闸管是由_____个PN结组成。

(2) 晶闸管要关断时，其导通电流_____晶闸管的维持电流值。

(3) 晶闸管导通的条件是在阳极加_____电压的同时，在控制极加_____电压。晶闸管一旦导通，控制极就失去作用。

（二）能力提升

单向晶闸管的导通，要具备哪两个条件？

第二单元　特殊晶闸管及其应用

一、单元导入

今天，晶闸管的足迹遍及了工农业、国防、科技和日常生活各个领域。根据实际应用的特殊要求，不时有新型晶闸管问世。它们是在普通晶闸管的基础上派生出来的。因此，在实际应用中，除普通型晶闸管外，还有特殊晶闸管，如双向晶闸管、可关断晶闸管、逆导晶闸管、光控晶闸管、快速晶闸管等，它们广泛地应用于交流和直流开关电路、交流调压电路等方面。

二、单元目标

（一）知识目标

（1）了解特殊晶闸管的特点。
（2）了解特殊晶闸管的应用。

（二）技能目标

能够识别不同类型的特殊晶闸管。

（三）素养目标

（1）提升学生的自主学习能力。
（2）提升学生的综合职业素养。

三、知识链接

（一）双向晶闸管

双向晶闸管是由 N-P-N-P-N 5 层半导体材料制成的，对外引出 3 个电极。双向晶闸管相当于两个单向晶闸管的反向并联，但其只有一个控制极。图 1-6-9 为双向晶闸管的结构及图形符号，其中 T_1 为双向晶闸管的第一阳极，T_2 为双向晶闸管的第二阳极，G 为控制极。

双向晶闸管可广泛用于工业、交通、家用电器等领域，实现交流调压、电机调速、交流开关、路灯自动开启与关闭、温度控制、台灯调光、舞台调光等多种功能，它还被用于固态继电器（SSR）和固态接触器电路中。

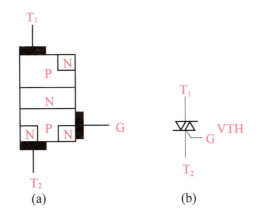

图 1-6-9　双向晶闸管的结构及图形符号

（a）结构；（b）图形符号

（二）可关断晶闸管

可关断晶闸管是一种通过控制极来控制器件导通和关断的电力半导体器件。其结构与图形符号如图 1-6-10 所示，可关断晶闸管的结构和普通单向晶闸管一样，也是由 P-N-P-N 共 4 层半导体构成。

可关断晶闸管是一种应用于高压、大容量场合中的大功率开关器件，同时广泛应用于电力机车的逆变器、电网动态无功补偿和大功率直流斩波调速等领域。

（三）光控晶闸管

光控晶闸管是利用一定波长的光照信号进行控制的开关器件，其结构也是由 P-N-P-N 共 4 层半导体构成。小功率光控晶闸管只有两个电极（阳极 A 和阴极 K），而大功率光控晶闸管除有阳极和阴极之外，还带有光缆，光缆上装有发光二极管或半导体激光器作为触发光源。其符号如图 1-6-11 所示。

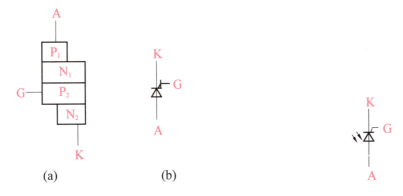

图 1-6-10　可关断晶闸管的结构及图形符号　　图 1-6-11　光控晶闸管图形符号

光控晶闸管对光源的波长有一定的要求，即具有选择性。波长在 0.8~0.9 μm 的红外线及波长在 1 μm 左右的激光，都是光控晶闸管较为理想的光源。

由于光控晶闸管采用光信号触发，所以避免了主回路对控制回路的干扰，适用于要求信号源与主回路高度绝缘的大功率高压装置中，如高压直流输电装置、高压核聚变装置等。

四、巩固与练习

（一）基础巩固

双向晶闸管相当于两个单向晶闸管的_____，但只有一个_____。

（二）能力提升

谈谈你对电力电子技术发展现状的看法。

技能实训　制作家用调光台灯电路

一、任务目标

（一）知识目标

(1) 掌握焊接的基本操作方法。
(2) 掌握晶闸管应用电路的工作原理。

（二）技能目标

(1) 能够熟练完成基本的焊接操作。
(2) 能够选择合适的元件并用万用表检测其性能优劣。
(3) 能够搭接并调试简单的晶闸管电路。

（三）素养目标

(1) 养成学生安全意识和规范意识，提升岗位职业素养。
(2) 培养学生运用知识和实践动手的能力。
(3) 培养学生分析问题和解决问题的能力。

二、任务要求

通过简单实用小电路的制作，使学生学会选用元件，并完成电路的调试。

三、任务器材

指针万用表 1 只、变压器 1 只、整流二极管 4 只、单相晶闸管 1 只、变阻器 1 只、电阻 1 只、电容两只、灯泡 1 只、电烙铁 1 只。

四、任务实施

（1）核对器材，检测元件性能。
（2）根据图 1-6-12 中提供的电路原理图绘制布线图。
（3）插接元件，并进行可靠焊接。
（4）检查无误后进行通电测试。
（5）调节 R_P 的大小，观察台灯的亮度变化情况。

五、知识链接

具有调光功能的台灯，在我们日常生活中已经非常常见，有时候我们在夜晚并不需要很亮的灯光，此时只需要轻轻旋转开关旋钮就可以让灯光不再刺眼，调光功能是通过控制晶闸管的导通角来完成的。

（一）电路组成

图 1-6-12 为家用调光台灯电路原理图。

HL 为白炽灯；R_P 为用于调光的变阻器；变阻器 R_P 与电容 C_2 及单相晶闸管 VT 构成一个简单的可控硅调光电路；4 个二极管组成的整流桥主要用于提供全波脉动的直流电压和电流，以保证白炽灯的正常工作；电容 C_1 用来滤除调光电路的干扰。

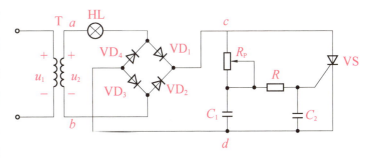

图 1-6-12　家用调光台灯电路原理图

（二）工作原理

（1）经整流输出后的电压始终为 c 端正、d 端负。
（2）当整流输出的电压由零开始增大时，晶闸管 VT 阳极加正向电压，同时电流经 R_P、R 给电容 C_2 充电；当电容 C_2 两端的电压达到晶闸管 VT 触发导通的电压时，晶闸管 VT 正向触发导通，此时白炽灯亮。

(3) 当整流输出电压由最大值下降过程中，晶闸管 VT 的阳极电压减小，回路电流减小，当小于维持电流时，晶闸管 VT 关断。

(4) 调节变阻器 R_P 的阻值，改变电容 C_2 的充电速度，进而改变晶闸管 VT 的导通角，从而使白炽灯通电时间发生变化，也就改变了其亮度，实现调光目的。

六、任务测评

任务测评表如表 1-6-2 所示。

表 1-6-2　任务测评表

知识与技能（70 分）				
序号	测评内容	组内互评	组长评价	教师评价
1	1. 焊接的基本操作方法（10 分） 2. 晶闸管应用电路的工作原理（10 分）			
2	1. 能够正确选用各元件（10 分） 2. 能够正确判断各元件的性能好坏（10 分） 3. 能够根据电路图熟练完成元件的插接（10 分） 4. 能够独立完成插件的焊接，并完成调试（20 分）			
基本素养（30 分）				
1	具有安全意识和规范意识，提升岗位职业素养（10 分）			
2	具有分析问题和解决问题的能力（10 分）			
3	具有细致严谨、精益求精的工匠精神（10 分）			
综合评价				

七、巩固与练习

（一）基础巩固

查阅资料了解单、双向晶闸管主要应用领域，并与同学分享。

（二）能力提升

试着分别将图 1-6-12 电路中的 VD_1 短路、VD_1 断路、VD_1 反接设定电路故障，观察台灯的亮/灭情况，并与正常情况作比较，找到电路现象与故障的关联，总结出根据现象判断电路故障的方法。

第二部分　数字电子技术与技能

电子技术中，电信号可分为两大类，即模拟信号、数字信号。数字信号是在时间和幅度上不连续的离散信号。数字电子技术则是有关数字信号的产生、整形、编码、存储、计数和传输的技术，处理数字信号的电路称为数字电路。

随着新技术的发展，集成数字电路类型层出不穷，大量使用大规模功能模块已成为现实。可以肯定的是，数字电路会在众多领域中逐渐取代模拟电路。

模块一

数字电路基础

数字电路的结构和模拟电路一样，同样是由二极管、三极管、集成电路以及电阻、电容等元件组成，因此其结构简单、稳定可靠、功耗小，便于集成。但与模拟电路的区别是，数字电路允许元件性能有一定的离散性，只要能区分1态和0态就可正常工作且能完成数值运算，能进行逻辑运算和判断，还可方便地对数字信号进行保存、传输和再现。

第一单元　数字电路基础知识

一、单元导入

在时间和数值上不连续变化、离散的信号称为数字信号。实现数字信号产生、变换、传输、编码、存储、计数、控制、运算等功能的电路称为数字电路。

二、单元目标

（一）知识目标

（1）了解脉冲波形主要参数的含义及常见脉冲波形。
（2）掌握数字信号的表示方法。
（3）掌握二进制、十六进制的表示方法。
（4）了解数字信号在日常生活中的应用。
（5）了解8421BCD码的表示形式。

（二）技能目标

（1）能够列举数字信号在日常生活中的应用。
（2）能够进行各数制间的转换。

（三）素养目标

（1）提升学生的学习兴趣。

（2）提升学生的学习能力。

三、知识链接

（一）数字信号

1. 脉冲信号

脉冲信号是指持续时间短的电压或电流信号，常见的脉冲信号有矩形波、锯齿波、三角波、尖脉冲等，如图 2-1-1 所示。

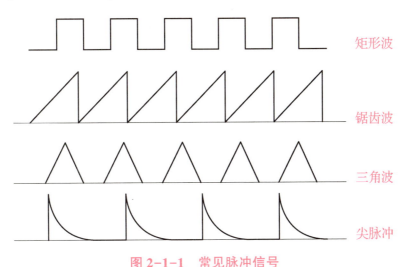

图 2-1-1　常见脉冲信号

锯齿波和尖脉冲波可作为自动控制系统的开关信号或触发信号，锯齿波可作为电视机、示波器的扫描信号。

2. 数字信号

通常把脉冲的出现或消失用逻辑 1 或 0 表示，这样一串脉冲就变成了一串由 1 和 0 组成的代码，这就是数字信号，如图 2-1-2 所示。

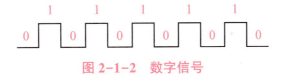

图 2-1-2　数字信号

（二）数字电路的特点

数字电路的基本工作信号是二进制的数字信号，二进制的"0"和"1"两个数字对应电路的两种工作状态。所以，其抗干扰能力强，可靠性高。数字电路的特点有以下 4 点。

（1）数字电路的功耗低，易集成。

（2）数字电路不仅能完成数值运算，而且能进行逻辑运算和判断。

(3) 数字电路的分析工具是逻辑代数。

(4) 数字电路中的晶体管工作在开关状态（截止状态或饱和状态）。

（三）数制与码制

1. 数制

数制即计数体制，它是按照一定规则表示数值大小的计数方法。常用的数制有二进制、十进制、十六进制等，其对照表如表2-1-1所示。

表2-1-1 十进制、二进制、十六进制对照表

数制	数字符号	计数基数	位权	进位关系
十进制	0, 1, 2, 3, …, 9	10	10^{-2}, 10^{-1}, 10^{0}, 10^{1}, 10^{2}	逢十进一
二进制	0, 1	2	2^{-2}, 2^{-1}, 2^{0}, 2^{1}, 2^{2}	逢二进一
十六进制	0~9, A, B, C, D, E, F	16	16^{-2}, 16^{-1}, 16^{0}, 16^{1}, 16^{2}	逢十六进一

2. 不同数制间的转换

（1）十进制转换成二进制。

方法：短除取余法，即将十进制数逐次地用2除后取余数，一直除到商等于0为止；然后将先取出的余数作为二进制数的低位数码，后取出的余数作为二进制数的高位数码，排列好后即为所求的二进制数。

不同数制间的转换

例2-1-1 将十进制数21转换为二进制数。

解：2 | 21   余1，即 $k_0 = 1$

2 | 10   余0，即 $k_1 = 0$

2 | 5   余1，即 $k_2 = 1$

2 | 2   余0，即 $k_3 = 0$

2 | 1   余1，即 $k_4 = 1$

    0

即 $(21)_{10} = (k_4 k_3 k_2 k_1 k_0)_2 = (10101)_2$

（2）二进制转换成十六进制。

方法：将二进制数自右向左，每4位为一组，转换为对应的十六进制数。最后不足4位的，高位用0补足。

例2-1-2 将 $(10110110110)_2$ 转换为十六进制数。

解：0101   1011   0110

   5   B   6

即 (10110110110)$_2$ = (5B6)$_{16}$

(3) 十六进制转换成二进制。

方法：将十六进制数用 4 位二进制数表示，然后按十六进制数的排序将这些 4 位二进制数排列好，就可以得到相应的二进制数。

例 2-1-3 将 (7D5A)$_{16}$ 转换为二进制数。

解：   7   D   5   A

           0111   1101   0101   1010

即 (7D5A)$_{16}$ = (111110101011010)$_2$

(4) 十进制转换成十六进制。

方法：在十进制转换为十六进制时，可以先将十进制数转换为二进制数，再将得到的二进制数转换为等值的十六进制数。

3. 码制

在数字电路中，常常用一定位数的二进制数码表示不同的事物或信息，这些数码称为代码。编制代码时要遵循一定的规则，这些规则称为码制。由于人们习惯用十进制数，所以就产生了一种用 4 位二进制数来表示 1 位十进制数的码制，简称为 BCD 码。常用的 BCD 码有 8421 码、5421 码、余 3 码等。

8421BCD 码的编码规则是每位的权从左至右依次是 2^3 (8)、2^2 (4)、2^1 (2)、2^0 (1)，属于有权码。四位二进制代码有 16 种不同的代码，但在 8421BCD 码中，后 6 种被称为伪码，故不用。

常用十进制、二进制、十六进制、8421BCD 码对应关系如表 2-1-2 所示。

表 2-1-2   常用十进制、二进制、十六进制、8421BCD 码对应关系

十进制	二进制	十六进制	8421BCD 码	十进制	二进制	十六进制	8421BCD 码	备注
0	0000	0	0000	8	1000	8	1000	
1	0001	1	0001	9	1001	9	1001	
2	0010	2	0010	10	1010	A	1010	
3	0011	3	0011	11	1011	B	1011	
4	0100	4	0100	12	1100	C	1100	伪码
5	0101	5	0101	13	1101	D	1101	
6	0110	6	0110	14	1110	E	1110	
7	0111	7	0111	15	1111	F	1111	

职教高考模拟题

（1）与（21）$_{10}$ 数值相等的是（　　）。

　　A.（10110）$_2$　　　　　　　　　　B.（15）$_{16}$

　　C.（01000001）$_{8421BCD}$　　　　D.（11001）$_2$

（2）将十进制数 19 转换为二进制数是（　　）。

　　A.（11001）$_2$　　　　　　　　　B.（10101）$_2$

　　C.（10011）$_2$　　　　　　　　　D.（10001）$_2$

（3）下列 4 个数中，最大的数是（　　）。

　　A.（AF）$_{16}$　　　　　　　　　　B.（198）$_{10}$

　　C.（10100000）$_2$　　　　　　　　D.（001010000010）$_{8421BCD}$

四、巩固与练习

（一）基础巩固

1. 填空题

（1）（101010）$_2$ = （　　　　）$_{10}$ = （　　　　）$_{16}$

（2）（256）$_{10}$ = （　　　　）$_2$ = （　　　　）$_{16}$

（3）（2E7）$_{16}$ = （　　　　）$_{10}$ = （　　　　）$_{8421BCD}$

2. 简答题

数字电路有什么特点？

（二）能力提升

查阅相关资料，了解数字信号主要应用于哪些领域。

第二单元　逻辑门电路

一、单元导入

　　数字电路中往往用输入信号表示"条件"，用输出信号表示"结果"，而条件与结果之间的因果关系称为逻辑关系，能实现某种逻辑关系的数字电路称为逻辑门电路。基本的逻辑关系有与逻辑、或逻辑、非逻辑，与之相对应的基本逻辑门电路有与门、或门、非门。

在数字电路中，通常用电位的高、低去控制门电路。输入与输出信号只有两种状态：高电平状态和低电平状态。规定用 1 表示高电平状态，用 0 表示低电平状态，称之为正逻辑；反之为负逻辑。

二、单元目标

（一）知识目标

（1）掌握与门、或门、非门等基本逻辑门符号、逻辑功能与表达式。

（2）了解与非门、或非门、与或非门等复合逻辑门的逻辑功能及图形符号。

（二）技能目标

（1）能识别各种逻辑门图形符号。

（2）会识别集成逻辑门电路引脚。

（3）会利用集成逻辑门连接所需逻辑电路。

（三）素养目标

（1）通过基本逻辑门的认识培养学生对数字电路的学习兴趣。

（2）通过小组合作学习培养学生的团队协助、互助等意识。

三、知识链接

（一）基本逻辑门

1. 与逻辑关系和与门电路

（1）与逻辑关系。

与逻辑电路如图 2-1-3 所示，开关 A 与 B 串联在回路中，只有当 A、B 都闭合时，灯 Y 才亮；只要有一个开关断开，灯就不亮。也就是说，当一件事情（灯亮）的几个条件（两个开关均闭合）完全具备时，这件事情（灯亮）才能发生，否则不发生。这样的因果关系称为与逻辑关系，其逻辑函数表达式为 $Y = A \cdot B$ 或 $Y = AB$。

将全部可能的输入组合及其对应的输出值用表格表示，即与逻辑真值表，如表 2-1-3 所示。从真值表中可以看出，其逻辑功能为"有 0 出 0，全 1 出 1"。

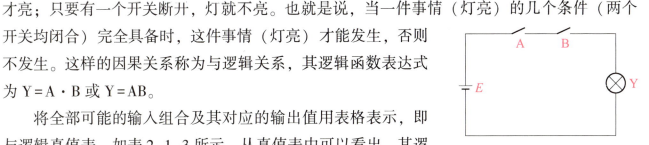

图 2-1-3 与逻辑电路

表 2-1-3　与逻辑真值表

输入		输出	备注
A	B	Y	
0	0	0	开关闭合：1
0	1	0	开关断开：0
1	0	0	灯亮：1
1	1	1	灯灭：0

（2）与门电路。

能实现与逻辑功能的电路称为与门电路，简称与门。其图形符号及运算规则如表 2-1-4 所示。

表 2-1-4　与门电路图形符号及运算规则

门电路	图形符号	二极管及电阻组成的与门电路及分析				逻辑运算规则	逻辑功能
			AB	VD_1、VD_2	Y		
与门电路	A—&—Y B		00	导通、导通	0	$0 \cdot 0 = 0$	有 0 出 0；全 1 出 1
			01	导通、截止	0	$0 \cdot 1 = 0$	
			10	截止、导通	0	$1 \cdot 0 = 0$	
			11	截止、截止	1	$1 \cdot 1 = 1$	

2. 或逻辑关系和或门电路

（1）或逻辑关系。

或逻辑电路如图 2-1-4 所示，开关 A 与 B 并联在回路中，只要当 A、B 两个开关有一个闭合时，灯 Y 就亮；只有当 A、B 全部断开时，灯才不亮。也就是说，当决定一件事情（灯亮）的各个条件中，至少具备一个条件（有一个开关闭合）时，这件事情（灯亮）就会发生，否则不发生。这样的因果关系称为或逻辑关系，其逻辑函数表达式为 $Y=A+B$。

或逻辑真值表如表 2-1-5 所示。从真值表中可以看出，其逻辑功能为"有 1 出 1，全 0 出 0"。

或门

表 2-1-5　或逻辑真值表

输入		输出
A	B	Y
0	0	0
0	1	1
1	0	1
1	1	1

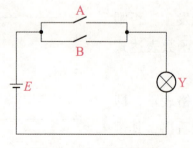

图 2-1-4　或逻辑电路

（2）或门电路。

能实现或逻辑功能的电路称为或门电路，简称或门。其图形符号及运算规则如表 2-1-6 所示。

表 2-1-6　或门电路图形符号及运算规则

门电路	图形符号	二极管及电阻组成的或门电路及分析				逻辑运算规则	逻辑功能
或门电路			AB	VD_1、VD_2	Y		全 0 出 0；有 1 出 1
			00	导通、导通	0	$0+0=0$	
			01	导通、截止	1	$0+1=1$	
			10	截止、导通	1	$1+0=1$	
			11	截止、截止	1	$1+1=1$	

3. 非逻辑关系和非门电路

（1）非逻辑关系。

非逻辑电路如图 2-1-5 所示，开关 A 与灯 Y 并联，当 A 断开时，灯亮；当 A 闭合时，灯不亮。也就是说，事情（灯亮）和条件（开关）总是相反状态。这样的因果关系称为非逻辑关系，也称为逻辑非，其逻辑函数表达式为 $Y=\bar{A}$。

非逻辑真值表如表 2-1-7 所示。从真值表中可以看出，其逻辑功能为"有 0 出 1，有 1 出 0"。

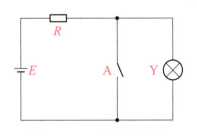

图 2-1-5　非逻辑电路

表 2-1-7　非逻辑真值表

输入	输出
A	Y
0	1
1	0

（2）非门电路。

能实现非逻辑功能的电路称为非门电路，又称反相器，简称非门。其图形符号及运算规则如表 2-1-8 所示。

（二）复合逻辑门

与、或、非门电路是最基本的逻辑门电路，这些门电路通过适当的组合，可构成多种复合逻辑门电路。常用的复合逻辑门电路逻辑函数表达式、图形符号和真值表如表 2-1-9 所示。其中，与或非门真值表如表 2-1-10 所示。

表 2-1-8　非门电路图形符号及运算规则

门电路	图形符号	三极管及电阻组成的非门电路及分析	AB	VT$_1$、VT$_2$	Y	逻辑运算规则	逻辑功能
非门电路	A—[1]○—Y	(电路图)	0 1	截止 导通	1 0	$\overline{0}=1$ $\overline{1}=1$	有 0 出 1； 有 1 出 0

表 2-1-9　常用复合逻辑门电路逻辑函数表达式、图形符号和真值表

逻辑关系	逻辑函数表达式	图形符号	真值表 输入 AB	真值表 输出 Y	逻辑功能
与非	$Y=\overline{AB}$	(& 符号)	0 0 0 1 1 0 1 1	1 1 1 0	全 1 出 0； 有 0 出 1
或非	$Y=\overline{A+B}$	(≥1 符号)	0 0 0 1 1 0 1 1	1 0 0 0	全 0 出 1； 有 1 出 0
异或	$Y=\overline{A}B+A\overline{B}=A\oplus B$	(=1 符号)	0 0 0 1 1 0 1 1	0 1 1 0	不同出 1； 相同出 0
同或	$Y=\overline{A}\overline{B}+AB=A\odot B$ $=\overline{A\oplus B}$	(=1 符号)	0 0 0 1 1 0 1 1	1 0 0 1	相同出 1； 不同出 0
与或非	$Y=\overline{AB+CD}$	(& 与 ≥1 组合符号)	与或非门电路输入共 16 种		

表 2-1-10　与或非门真值表

输入 ABCD	输出 Y	输入 ABCD	输出 Y	输入 ABCD	输出 Y	输入 ABCD	输出 Y
0000	1	1000	1	1000	1	1100	0
0001	1	1001	1	1001	1	1101	0
0010	1	1010	1	1010	1	1110	0
0011	0	1011	0	1011	0	1111	0

职教高考模拟题

（1）如图所示，逻辑函数表达式 $Y = A \oplus B$ 对应的图形符号是（   ）。

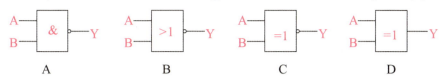

（2）下列组合逻辑门电路中，能实现"相同出0，相异出1"逻辑功能的是（   ）。

A. 与非门　　　　B. 或非门　　　　C. 同或门　　　　D. 异或门

（3）与非门的逻辑功能是（   ）。

A. 有0出0，全1出1　　　　　　B. 有1出0，全0出0

C. 有0出1，全1出0　　　　　　D. 有1出0，全0出1

（三）集成逻辑门

集成逻辑门电路是把构成门电路的元件和连线制作在一块半导体芯片上，再封装起来而构成的电路，具有体积小、质量轻、可靠性高及安装调试方便等优点。集成逻辑门电路根据内部所采用元件的不同，分为TTL集成逻辑门电路和CMOS集成逻辑门电路两大类，下面以TTL集成逻辑门电路为例介绍集成逻辑门电路。

1. TTL集成逻辑门电路

TTL集成逻辑门电路的输入和输出结构均采用半导体三极管，所以称晶体管—晶体管逻辑门电路，简称TTL电路。TTL集成门电路是一种数字集成电路，采用双极型工艺制造，有着高速度的特性，而且品种多样。若TTL集成逻辑门电路内部的输入、输出级都采用三极管，则这种集成电路也称为三极管逻辑门电路。

（1）外形封装和引脚识别。

TTL集成逻辑门电路中的74LS（低功耗肖特基）系列为现代主要应用的产品。TTL集成逻辑门电路通常采用塑封双列直插式外形封装，其实物外形、引脚排列及逻辑功能示意图如图2-1-6所示。

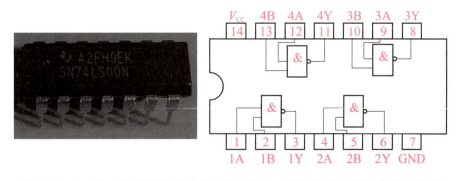

图2-1-6　TTL集成逻辑门电路实物外形、引脚排列及逻辑功能示意图

由图2-1-6中TTL集成逻辑门电路引脚排列及逻辑功能示意图可知，集成块74LS00含有

4个二输入端与非门,并共用一个电源 V_{CC} 和一个接地 GND。

(2) 型号及意义。

TTL 集成逻辑门电路的型号由 5 部分构成,其型号及意义如图 2-1-7 所示。

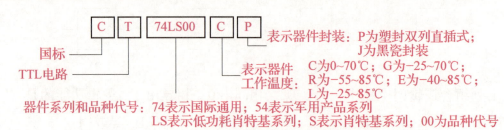

图 2-1-7　TTL 集成逻辑门电路的型号及意义

(3) 使用技巧。

TTL 集成逻辑门电路的使用技巧主要有以下 4 点。

①TTL 集成逻辑门电路功耗较大,电源电压必须保证在 4.75~5.25 V,建议使用+5 V 稳压电源供电。

②TTL 集成逻辑门电路的输出端不允许与正电源或地短接,必须通过电阻与正电源或地连接。

③TTL 集成逻辑门电路的电源正、负极性不允许接错,否则可能造成器件的损坏。

④TTL 集成逻辑门电路不使用的多余输入端一般不可以悬空。与门和与非门的多余输入端应接至固定的高电平;或门和或非门的多余输入端应接地。

2. 集成逻辑门电路的选用

(1) 若对功耗和抗干扰能力要求一般,则可选用 TTL 集成逻辑门电路。目前多用 74LS 系列,它的功耗较小,工作频率一般可达 20 MHz;如果对工作频率要求较高,则可选用 CT74LS 系列。

(2) 若要求功耗低、抗干扰能力强,则应选用 CMOS 集成逻辑门电路,其中 4000 系列一般用于工作频率 1 MHz 以下、驱动能力要求不高的场合;74HC 系列常用于工作频率 20 MHz 以下、要求较强驱动能力的场合。

四、巩固与练习

(一) 基础巩固

1. 判断题

(1) 与门的逻辑功能可以理解为输入端有 0,则输出端必为 0;只有当输入端全为 1 时,输出端才为 1。(　　)

(2) 或非门的逻辑功能是,当输入端全为低电平时,输出端为高电平;只要输入端有一个为高电平时,输出端才为低电平。(　　)

2. 简答题

（1）与门、或门、非门的逻辑功能各是什么？请结合生活中的实例简单介绍。

（2）怎样判断与或非复合逻辑门电路的输出状态？

（3）判断图 2-1-8 中各逻辑电路的输出状态。

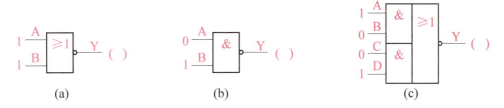

图 2-1-8　简答题（3）题图

（二）能力提升

查阅相关资料了解 CMOS 集成逻辑门电路的型号、意义及使用注意事项，并将其与 TTL 集成逻辑门电路进行比较。

＊第三单元　逻辑函数化简

一、单元导入

在数字电路中，电路的状态用 1 和 0 表示，所以其输出与输入之间的关系可以用二进制代数作为数学工具来表示。二进制代数就是逻辑代数，它有一些基本的运算定律，应用这些定律可把一些复杂的逻辑函数表达式经恒等变换，化为较简单的逻辑函数表达式，从而用比较少的电路元件实现相同的逻辑功能。这不仅可以降低电路成本，还可以提高电路工作的可靠性。

二、单元目标

（一）知识目标

（1）了解逻辑函数化简的意义。

（2）掌握逻辑函数化简的几种基本思路和方法。

（二）技能目标

能够用基本公式及定律化简简单的逻辑函数。

（三）素养目标

（1）培养学生自信、勤奋、乐于动脑、严谨治学的学习态度和精神。

（2）加强师生间的交流与互动，让学生在学习过程中有成功的欲望和获得知识后的喜悦。

三、知识链接

（一）逻辑代数的运算法则

1. 基本公式

逻辑代数的基本公式如表 2-1-11 所示。

表 2-1-11 逻辑代数的基本公式

说明	公式名称	与运算公式	或运算公式
变量与常量的关系	01 律	$A \cdot 1 = A$	$A + 1 = 1$
		$A \cdot 0 = 0$	$A + 0 = A$
和普通代数相似的定律	交换律	$A \cdot B = B \cdot A$	$A + B = B + A$
	结合律	$A \cdot (B \cdot C) = (A \cdot B) \cdot C$	$A + (B + C) = (A + B) + C$
	分配律	$A \cdot (B + C) = A \cdot B + A \cdot C$	$A + B \cdot C = (A + B) \cdot (A + C)$
逻辑代数特有的定律	互补律	$A \cdot \bar{A} = 0$	$A + \bar{A} = 1$
	重叠律	$A \cdot A = A$	$A + A = A$
	摩根定律	$\overline{A \cdot B} = \bar{A} + \bar{B}$	$\overline{A + B} = \bar{A} \cdot \bar{B}$
	还原律	$\bar{\bar{A}} = A$	

2. 逻辑函数的公式化简

从实际逻辑问题概括出来的逻辑函数表达式往往不是最简的。因此，一般对逻辑函数表达式都要进行化简。

（1）提公因子后用 $A+A=A$ 或 $1+A=1$ 化简。

例 2-1-4　化简逻辑函数①$Y = AB + ABC$；②$Y = AB + AB + AB$。

解：①$Y = AB + ABC = AB(1+C) = AB$

②$Y = AB + AB + AB = AB$

注：$AB + AB = AB$

（2）利用公式 $A + \bar{A}B = A + B$ 化简

例 2-1-5　化简逻辑函数 $Y = AB + \bar{A}BC$。

解：$Y = AB + \bar{A}BC = B(A + \bar{A}C) = B(A + C) = AB + BC$

（3）利用摩根定律（$\overline{A \cdot B} = \overline{A} + \overline{B}$；$\overline{A+B} = \overline{A} \cdot \overline{B}$）化简。

例 2-1-6 化简逻辑函数 $Y = A + \overline{\overline{A} + \overline{BC}}$。

解：$Y = A + \overline{\overline{A} + \overline{BC}} = A + \overline{\overline{A}} \cdot \overline{\overline{BC}} = A + ABC = A \cdot (1+BC) = A$

在实际中，用公式法化简逻辑函数表达式时往往需要灵活、交替地综合运用上述方法，才能得到最简的逻辑函数表达式。

3. 逻辑函数表达式的最简标准

对于任一逻辑函数，其表达式有多种形式，如与或式、或与式、与非-与非式等，其中最常用的为与或式。每一种逻辑函数表达式的最简标准都不同，与或式的最简标准有以下两种。

（1）表达式中所含的或项数最少。

（2）每个或项所含的变量数最少。

但在具体实现电路时，往往可以根据手中现有的器件写出相应的逻辑函数表达式。例如，与非门比较常用，则在化简过程中就需要将最简与或式转换成相应的与非-与非式。

四、巩固与练习

（一）基础巩固

（1）逻辑代数的常用公式有哪些？

（2）怎样证明摩根定律？

（二）能力提升

（1）请写出图 2-1-9 中的逻辑功能表达式_____。

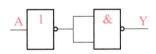

图 2-1-9　能力提升（1）题图

（2）化简逻辑函数 $Y = \overline{A}B + A + ACD$。

（3）化简逻辑函数 $Y = A + BC + \overline{\overline{AD} \cdot B} + \overline{\overline{CD} + B}$。

技能实训　基本逻辑电路的功能检测

一、任务目标

（一）知识目标

（1）掌握 TTL 集成电路 74LS00 的逻辑功能。

（2）掌握 CMOS 集成电路 CC4001 的逻辑功能。

（二）技能目标

（1）能够对 TTL 集成电路 74LS00 的逻辑功能进行测试。

（2）能够对 CMOS 集成电路 CC4001 的逻辑功能进行测试。

（3）掌握逻辑集成电路多余输入端的处理办法。

（三）素养目标

（1）激发学生学习兴趣，提升学生的动手操作能力。

（2）培养团队精神，形成团结互助的良好职业道德。

二、任务要求

对 TTL 集成电路 74LS00 与非门功能进行测试，并对 CMOS 集成电路 CC4001 或非门功能进行测试。

三、任务器材

直流稳压电源、万用表、集成电路 74LS00 和 CC4001 各 1 块。

四、任务实施

1. TTL 与非门功能的简单测试方法

（1）74LS00 接通 +5 V 电源（14 引脚接电源正极，7 引脚接电源负极）。

（2）用万用表直流电压挡测量与非门输出端电压（3、6、8、11引脚对地的电压）。若输出低电平，则为 0 状态；若输出高电平则为 1 状态。

（3）74LS00 的输入端通过 1 kΩ 电阻接正电源+V_{CC} 为逻辑高电平输入，即 1 状态；输出端用导线短路至地为逻辑低电平，即 0 状态。按表 2-1-12 要求输入信号，用万用表直流电压挡测出相应的输出逻辑电平，并将结果记录于表 2-1-12 所示的 74LS00 与非门逻辑功能测试中。

表 2-1-12　74LS00 与非门逻辑功能测试

G_1门			G_2门			G_3门			G_4门		
A_1	B_1	Y_1	A_2	B_2	Y_2	A_3	B_3	Y_3	A_4	B_4	Y_4
0	1		0	1		0	1		0	1	
1	0		1	0		1	0		1	0	
1	1		1	1		1	1		1	1	
0	0		0	0		0	0		0	0	

2. CMOS 或非门功能测试

（1）CC400 接通+10 V 电源（14 引脚接电源正极，7 引脚接电源负极）。

（2）用万用表直流电压挡测量或非门输出端电压（3、4、10、11 引脚对地电压）。

（3）输入端通过 1 kΩ 电阻接正电源+V_{CC} 为逻辑高电平输入，即 1 状态；输出端用导线短路至地为逻辑低电平，即 0 状态。按表 2-1-13 要求输入信号，用万用表直流电压挡测出相应的输出逻辑电平，并将结果记录于表 2-1-13 所示的 CC4001 或非门逻辑功能测试中。

为了防止损坏元件，注意 CMOS 集成电路的多余输入端不可悬空；与门、与非门的多余端应接至固定的高电平；或门、或非门的多余端应接地。

表 2-1-13　CC4001 或非门逻辑功能测试

G_1门			G_2门			G_3门			G_4门		
A_1	B_1	Y_1	A_2	B_2	Y_2	A_3	B_3	Y_3	A_4	B_4	Y_4
0	1		0	1		0	1		0	1	
1	0		1	0		1	0		1	0	
1	1		1	1		1	1		1	1	
0	0		0	0		0	0		0	0	

五、知识链接

（一）基本逻辑门集成电路引脚

基本逻辑门集成电路引脚如图 2-1-10 所示。

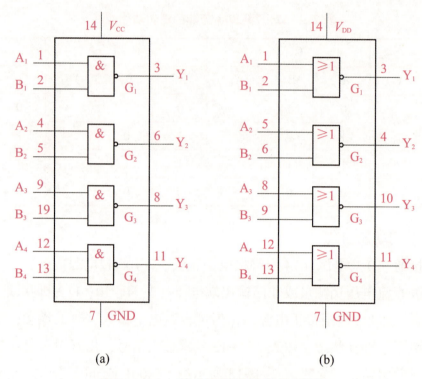

图 2-1-10　基本逻辑门集成电路引脚

（a）74LS00 引脚；（b）CC4001 引脚

（二）工作原理

这里主要讲解集成电路 CC4001 的使用注意事项。

（1）在测试 CMOS 电路时，禁止在 CMOS 本身没有接通电源的情况下输入信号。

（2）电源接通期间不应把器件从测试座上插入或拔出；电源电压为 3~5 V，电源极性不能倒接。

（3）在焊接 CMOS 电路时，电烙铁容量不得大于 20 W，并要有良好的接地线。

（4）输出端不允许直接接地或接电源；除具有 CMOS 结构和三态输出结构的门电路外，不允许把输出端并联使用以实现线与逻辑。

（5）同 TTL 门电路一样，多余的输入端不能悬空，与门的多余输入端应接电源 V_{DD}，或门的多余输入端应接低电平或 GND。也可将多余输入端与使用输入端并联，但这样会影响信号的传输速度。

六、任务测评

任务测评表如表 2-1-14 所示。

表 2-1-14　任务测评表

\multicolumn{5}{c}{知识与技能（70分）}				
序号	测评内容	组内互评	组长评价	教师评价
1	集成电路型号的识读；了解集成电路引脚功能（30分）			
2	电源的接法；与非门逻辑功能的测试、或非门逻辑功能的测试（30分）			
3	遵守安全操作规程，安全文明操作，工作台上工具摆放整齐（10分）			
\multicolumn{5}{c}{基本素养（30分）}				
1	无迟到、早退及旷课行为（10分）			
2	具有自主学习与团队协作力（10分）			
3	注意安全、操作规范（10分）			
\multicolumn{5}{c}{综合评价}				

七、巩固与练习

（一）基础巩固

如何检测与非门集成电路质量的好坏？

（二）能力提升

（1）总结装配、调试的制作经验和教训并与同学分享。

（2）TTL、CMOS 集成电路的多余输入端应怎样处理？

模块二

组合逻辑电路

数字电路根据逻辑功能的不同，可以分成两大类，即组合逻辑电路（简称组合电路）和时序逻辑电路（简称时序电路）。组合逻辑电路在逻辑功能上的特点是任意时刻的输出仅取决于该时刻的输入，与电路原来的状态无关，即组合逻辑电路无记忆能力。

第一单元 组合逻辑电路的基本知识

一、单元导入

组合逻辑电路就是用与门、或门等基本逻辑门电路组成的逻辑电路。常用的组合逻辑电路有编码器、译码器、加法器等。

二、单元目标

（一）知识目标

(1) 掌握组合逻辑电路的分析方法和步骤。
(2) 了解组合逻辑电路的种类。

（二）技能目标

(1) 能够分析简单的组合逻辑电路。
(2) 能够设计并安装简单的组合逻辑电路。

（三）素养目标

(1) 增强学生专业意识，培养其良好的职业道德。
(2) 通过电路制作与调试，激发学生的学习动机。

三、知识链接

（一）组合逻辑电路的分析方法

根据组合逻辑电路，分析逻辑功能的过程，就是组合逻辑电路的分析。但大多数情况下由于逻辑电路表达的逻辑功能不够直观、形象，往往需要将其转化成逻辑函数表达式。组合逻辑电路的分析步骤框图如图 2-2-1 所示。其分析步骤如下：

（1）根据给定的组合逻辑电路，逐级写出逻辑函数表达式；

（2）化简得到最简逻辑函数表达式；

（3）列出电路的真值表；

（4）确定电路能完成的逻辑功能。

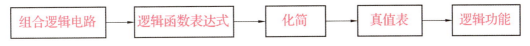

图 2-2-1 组合逻辑电路的分析步骤框图

例 2-2-1 分析图 2-2-2 所示的逻辑电路的逻辑功能。

解：由逻辑电路可得

（1）逻辑函数表达式。

根据给定的逻辑电路写出逻辑函数表达式为

$Y_1 = A \oplus B$；

$Y = Y_1 \oplus C$

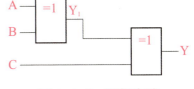

图 2-2-2 逻辑电路

（2）化简。

化简得到的逻辑函数表达式，即

$Y = Y_1 \oplus C = A \oplus B \oplus C = (\overline{A}B + A\overline{B}) \oplus C = \overline{(\overline{A}B + A\overline{B})} C + (\overline{A}B + A\overline{B}) \overline{C} = \overline{A}\overline{B}C + \overline{A}B\overline{C} + A\overline{B}\overline{C} + ABC$

（3）引出电路的真值表。

将 A、B、C 取值的各种组合代入到化简后的逻辑函数表达式中，求出 Y 值，从而列出真值表，如表 2-2-1 所示。

表 2-2-1 真值表

输入			输出
A	B	C	Y
0	0	0	0
0	0	1	1
0	1	0	1
0	1	1	0
1	0	0	1
1	0	1	0

续表

输入			输出
1	1	0	0
1	1	1	1

(4) 确定电路能完成的逻辑功能。

由表 2-2-1 可知,在输入 A、B、C 的 3 个变量中,当 1 的个数为奇数时,输出 Y=1;当 1 的个数为偶数时,输出 Y=0。所以,图 2-2-2 的电路是 3 位判奇电路,又称奇校验电路。

(二) 组合逻辑电路的设计

组合逻辑电路的设计与其分析过程相反,是根据给定的逻辑功能要求,设计出实现该功能的逻辑电路。组合逻辑电路的设计步骤框图如图 2-2-3 所示,其设计步骤如下:

(1) 由实际逻辑功能要求列出真值表;
(2) 由真值表写出逻辑函数表达式;
(3) 化简、变换输出逻辑函数表达式;
(4) 画出逻辑电路图。

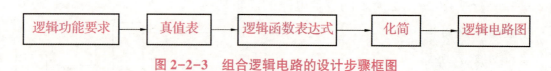

图 2-2-3 组合逻辑电路的设计步骤框图

例 2-2-2 设计 1 个 3 人表决器,实际逻辑功能要求是,3 个表决人分别为 A、B、C,表决同意用 1 表示,不同意用 0 表示,只有 2 人及 2 人以上同意表决才能通过。输出 Y=1 表示通过,Y=0 表示不通过。

解:由题意可得

(1) 真值表。

根据电路的实际逻辑功能要求列出真值表,如表 2-2-2 所示。

表 2-2-2 3 人表决器真值表

输入			输出
A	B	C	Y
0	0	0	0
0	0	1	0
0	1	0	0
0	1	1	1
1	0	0	0
1	0	1	1
1	1	0	1
1	1	1	1

（2）逻辑函数表达式。

由真值表写出 3 人表决器的逻辑函数表达式为

$Y = \overline{A}BC + A\overline{B}C + AB\overline{C} + ABC$

（3）化简。

化简 3 人表决的逻辑函数表达式，即

$Y = \overline{A}BC + A\overline{B}C + AB\overline{C} + ABC$

$= BC(\overline{A}+A) + A\overline{B}C + AB\overline{C}$

$= BC + A\overline{B}C + AB\overline{C}$

$= AC + BC + AB\overline{C}$

$= AC + B(C + A\overline{C})$

$= AC + BC + AB$

$= \overline{\overline{AC} \cdot \overline{BC} \cdot \overline{AB}}$

（4）逻辑电路图。

3 人表决器逻辑电路如图 2-2-4 所示。

（三）组合逻辑电路的设计原则

在实际设计逻辑电路时，应遵循以下 3 个原则。

（1）考虑实际所使用集成器件的种类。

（2）将逻辑函数表达式转换为能用所要求的集成器件实现的形式。

（3）控制所用的集成器件数量和种类，使其达到最少。

因此，将逻辑函数表达式化简后，还应根据实际情况再将其转换为最合理的逻辑函数表达式。

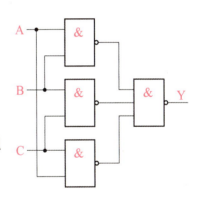

图 2-2-4 3 人表决器逻辑电路

四、巩固与练习

（一）基础巩固

（1）请简述组合逻辑电路的特点。

（2）请简述组合逻辑电路的分析步骤、设计步骤。

（二）能力提升

分析图 2-2-5 中组合逻辑电路的逻辑功能。

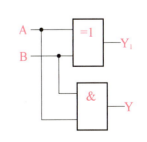

图 2-2-5 能力提升题图

第二单元 编码器

一、单元导入

在数字电路中只能识别由 0、1 组成的二进制代码，因此需要将输入的各种信号（如文字、符号、十进制数等）转换成若干二进制代码，这个过程就是编码。能够完成编码功能的组合逻辑电路称为编码器。目前常用的编码器有二进制编码器、二-十进制编码器和优先编码器等。

二、单元目标

（一）知识目标

（1）了解编码器的基本功能。
（2）了解典型集成编码电路的引脚功能并能正确使用。

（二）技能目标

能够正确使用典型集成编码电路。

（三）素养目标

（1）培养学生发展学习迁移与类推能力、自主学习的能力。
（2）培养学生严谨务实的工作作风、探索新知识的兴趣。

三、知识链接

在编码过程中，要注意确定二进制的位数。1 位二进制数有 0 和 1 两个状态，即表示两种不同的输入；2 位二进制数有 00、01、10、11 共 4 个状态，表示 4 种不同的输入。由此可知，n 位二进制数就有 2^n 个状态，表示 2^n 种输入，也就是有 2^n 个输入端，n 个输出端。下面主要介绍二进制编码器和二-十进制编码器来进一步学习编码器。

（一）二进制编码器

二进制编码器是指用 n 位二进制代码对 2^n 个信号进行编码的电路。常见的二进制编码器有 4 线-2 线编码器、8 线-3 线编码器、16 线-4 线编码器等。

编码器在任意时刻只能对一个输入信号进行编码，8 线-3 线编码器如图 2-2-6 所示，即 8 个输入中只能有一个有效输入。因此，可得出 3 位二进制编码器真值表，如表 2-2-3 所示。

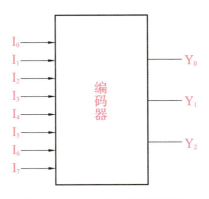

图 2-2-6　8 线-3 线编码器

表 2-2-3　3 位二进制编码器真值表

十进制数	输入								输出		
	I_7	I_6	I_5	I_4	I_3	I_2	I_1	I_0	Y_2	Y_1	Y_0
0	0	0	0	0	0	0	0	1	0	0	0
1	0	0	0	0	0	0	1	0	0	0	1
2	0	0	0	0	0	1	0	0	0	1	0
3	0	0	0	0	1	0	0	0	0	1	1
4	0	0	0	1	0	0	0	0	1	0	0
5	0	0	1	0	0	0	0	0	1	0	1
6	0	1	0	0	0	0	0	0	1	1	0
7	1	0	0	0	0	0	0	0	1	1	1

由真值表得到逻辑函数表达式为

$$Y_2 = I_4 + I_5 + I_6 + I_7 = \overline{\overline{I_4} \cdot \overline{I_5} \cdot \overline{I_6} \cdot \overline{I_7}}$$

$$Y_1 = I_2 + I_3 + I_6 + I_7 = \overline{\overline{I_2} \cdot \overline{I_3} \cdot \overline{I_6} \cdot \overline{I_7}}$$

$$Y_0 = I_1 + I_3 + I_5 + I_7 = \overline{\overline{I_1} \cdot \overline{I_3} \cdot \overline{I_5} \cdot \overline{I_7}}$$

根据逻辑函数表达式可知，可以采用或门或者与非门来实现逻辑功能。若采用或门实现逻辑功能，则可得到图 2-2-7 所示的逻辑电路。

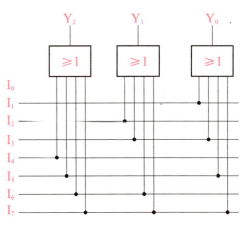

图 2-2-7　逻辑电路

（二）二-十进制编码器

二-十进制编码器是指将十进制数 0~9 这 10 个数编成二进制代码的电路。因为 $2^4 = 16$，所以要对 10 个信号进行编码，至少需要 4 位二进制代码。因此，二-十进制编码器的输出信号为 4 位，如图 2-2-8 所示。

$\overline{I}_0 \sim \overline{I}_9$ 表示编码器的 10 个输入端，分别代表十进制数 0~9 这 10 个数字；编码器的输出 $\overline{Y}_0 \sim \overline{Y}_3$ 表示 4 位二进制代码。

4 位二进制代码共有 16 种状态组合，故可任意选出 10 种来表示 0~9 这 10 个数字。不同的选取方式即表示不同的编码方法，如 8421BCD 码、5421BCD 码等，最常用的是 8421BCD 编码器。74LS147 是一种常用的 8421 BCD 码集成优先编码器，其实物外形及引脚功能如图 2-2-9 所示，其真值表如表 2-2-4 所示，图中"1"代表高电平，"0"代表低电平，"×"代表可取任意值，对输出无影响。

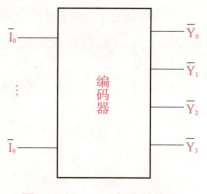

图 2-2-8 二-十进制编码

 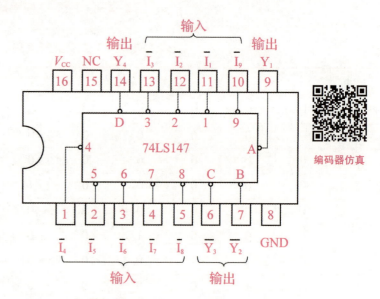

图 2-2-9 74LS147 实物外形及引脚功能

表 2-2-4 74LS147 编码器真值表

十进制数	输入（十进制数）									输出（BCD 码）			
	$\overline{I}_9$	$\overline{I}_8$	$\overline{I}_7$	$\overline{I}_6$	$\overline{I}_5$	$\overline{I}_4$	$\overline{I}_3$	$\overline{I}_2$	$\overline{I}_1$	$\overline{I}_0$	$\overline{Y}_3$	$\overline{Y}_2$	$\overline{Y}_1$	$\overline{Y}_0$
0	1	1	1	1	1	1	1	1	1	0	1	1	1	1
1	1	1	1	1	1	1	1	1	0	×	1	1	1	0
2	1	1	1	1	1	1	1	0	×	×	1	1	0	1
3	1	1	1	1	1	1	0	×	×	×	1	1	0	0
4	1	1	1	1	1	0	×	×	×	×	1	0	1	1
5	1	1	1	1	0	×	×	×	×	×	1	0	1	0
6	1	1	1	0	×	×	×	×	×	×	1	0	0	1
7	1	1	0	×	×	×	×	×	×	×	1	0	0	0
8	1	0	×	×	×	×	×	×	×	×	0	1	1	1
9	0	×	×	×	×	×	×	×	×	×	0	1	1	0

用 Multisim10.0 仿真软件进行 74LS147 功能测试，其仿真电路如图 2-2-10 所示。

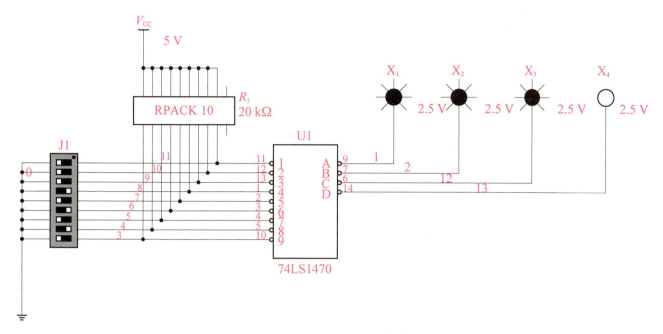

图 2-2-10　74LS147 仿真电路

仿真步骤如下：

（1）当设置输入端全为高电平时观察并记录结果；

（2）当设置输入端只有一个为高电平时观察并记录结果；

（3）当设置输入端有两个或两个以上为高电平时观察并记录结果，体会优先权的意义。

将观察结果填于表 2-2-5 所示的 74LS147 仿真结果统计表中，并根据输出结果总结 74LS147 功能。

表 2-2-5　74LS147 仿真结果统计表

十进制数	输入（十进制数）										输出（8421BCD 码）			
	$\overline{I_9}$	$\overline{I_8}$	$\overline{I_7}$	$\overline{I_6}$	$\overline{I_5}$	$\overline{I_4}$	$\overline{I_3}$	$\overline{I_2}$	$\overline{I_1}$	$\overline{I_0}$	$\overline{Y_3}$	$\overline{Y_2}$	$\overline{Y_1}$	$\overline{Y_0}$
0														
1														
2														
3														
4														
5														
6														
7														
8														
9														

结论：

（1）74LS147 集成优先编码器的输入、输出端均为低电平有效，即 0 表示有信号，1 表示无信号；

（2）若设置全部数据输入端接高电平，则输入的数据为十进制 0；

（3）74LS147 为集成优先编码器，其优先级别最高的是 $\overline{I_9}$，最低的是 $\overline{I_0}$，即当输入端同时输入两个或两个以上的有效信号时，只接受优先级别高的输入信号编码。

四、巩固与练习

（一）基础巩固

（1）二进制编码器的作用是什么？

（2）优先编码器是什么？

（二）能力提升

（1）74LS147 编码器的作用是什么？

（2）当 74LS147 编码器的输入端 $\overline{I_8}$、$\overline{I_2}$ 同时为 0 时，输出是什么？

第三单元　译码器

一、单元导入

译码是编码的逆过程。译码器的作用就是将某种代码的原意"翻译"出来，也就是一种将二进制代码所代表的特定含义翻译出来的组合逻辑电路。

二、单元目标

（一）知识目标

（1）了解译码器的基本功能。

（2）了解典型集成译码电路的引脚功能并能正确使用。

（3）理解常用数码显示器件的基本结构和工作原理。

（二）技能目标

（1）会用仿真软件测试译码器的功能。

(2) 能够搭接数码管显示电路，并会应用显示译码器。

(三) 素养目标

(1) 激发学生专业学习的热情。

(2) 培养学生自主学习的能力。

三、知识链接

译码器有多个输入端和输出端。一个 n 位二进制数有 2^n 个状态，可表示 2^n 个特定含义，即可译出 2^n 个信号。目前译码器主要由集成门电路构成，按其功能可分为通用译码器和显示译码器。

(一) 通用译码器

常用的通用译码器有二进制译码器、二-十进制译码器，这里以二-十进制译码器为例来学习译码器。二-十进制译码器也称为 BCD 译码器，如图 2-2-11 所示，它的功能是将输入的 4 位二进制码译成对应的 10 个十进制输出信号，因此也称为 4 线-10 线译码器。

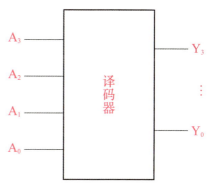

图 2-2-11　二-十进制译码器

常用的二-十进制集成译码器型号有 74LS42、74HC42、T4042 等。

74HC42 集成译码器的外形和引脚图如图 2-2-12 所示。图中 $A_0 \sim A_3$ 为 BCD 码的 4 个输入端，$\overline{Y}_0 \sim \overline{Y}_9$ 为 10 条输出线，分别对应十进制数的 0~9，输出为低电平有效。

 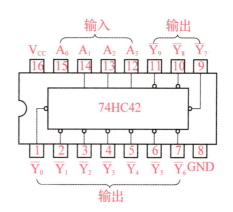

图 2-2-12　74HC42 集成译码器的外形和引脚图

74HC42 集成译码器真值表如表 2-2-6 所示。由于 4 位二进制输入有 16 种组合状态，故 72HC42 芯片可以自动将其中的 6 种状态（1010~1111）识别为伪码，即当输入为伪码时，输出均为 1，此时译码器拒绝译出。

用 Multisim10.0 仿真软件进行 74HC42 功能测试，仿真电路如图 2-2-13 所示。

仿真步骤如下：

（1）当设置输入端依次输入 0000~1001 时观察并记录结果；

（2）设置输入端依次输入 1010~1111 时观察并记录结果。

表 2-2-6 74HC42 集成译码器真值表

输入（8421BCD 码）				输出（十进制数）									
A_3	A_2	A_1	A_0	$\overline{Y_9}$	$\overline{Y_8}$	$\overline{Y_7}$	$\overline{Y_6}$	$\overline{Y_5}$	$\overline{Y_4}$	$\overline{Y_3}$	$\overline{Y_2}$	$\overline{Y_1}$	$\overline{Y_0}$
0	0	0	0	1	1	1	1	1	1	1	1	1	0
0	0	0	1	1	1	1	1	1	1	1	1	0	1
0	0	1	0	1	1	1	1	1	1	1	0	1	1
0	0	1	1	1	1	1	1	1	1	0	1	1	1
0	1	0	0	1	1	1	1	1	0	1	1	1	1
0	1	0	1	1	1	1	1	0	1	1	1	1	1
0	1	1	0	1	1	1	0	1	1	1	1	1	1
0	1	1	1	1	1	0	1	1	1	1	1	1	1
1	0	0	0	1	0	1	1	1	1	1	1	1	1
1	0	0	1	0	1	1	1	1	1	1	1	1	1

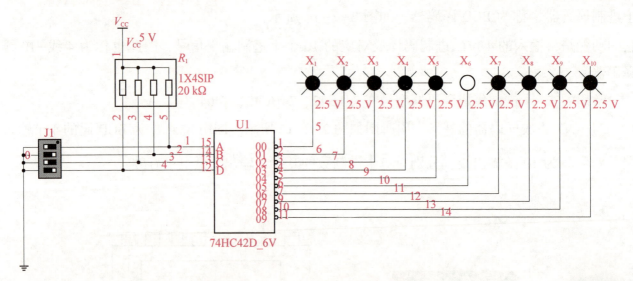

图 2-2-13 74HC42 仿真电路

将观察结果填于表 2-2-7 所示的 74HC42 仿真结果统计表中，并根据输出结果总结 74HC42 功能。

译码器仿真

表 2-2-7 74HC42 仿真结果统计表

输入（8421BCD 码）				输出（十进制数）									
A_3	A_2	A_1	A_0	$\overline{Y_9}$	$\overline{Y_8}$	$\overline{Y_7}$	$\overline{Y_6}$	$\overline{Y_5}$	$\overline{Y_4}$	$\overline{Y_3}$	$\overline{Y_2}$	$\overline{Y_1}$	$\overline{Y_0}$
0	0	0	0										
0	0	0	1										
0	0	1	0										

续表

输入（8421BCD 码）				输出（十进制数）							
0	0	1	1								
0	1	0	0								
0	1	0	1								
0	1	1	0								
0	1	1	1								
1	0	0	0								
1	0	0	1								

结论：

（1）74HC42 集成译码器的输入端为高电平有效、输出端为低电平有效。

（2）当输入端依次输入 0000~1001 时，74HC42 集成译码器正常，依次输出 $\overline{Y}_0 \sim \overline{Y}_9$ 10 个信号。

（3）输入端依次输入 1010~1111 时，74HC42 集成译码器输出皆为高电平，即自动拒绝译码。

（二）显示译码器

与普通译码器不同，显示译码器是用来驱动显示器件，以显示数字或字符的集成电路。显示译码器的功能是将输入的 8421BCD 码译成能用于显示器件的信号，并驱动显示器显示数字。

1. 仿真实训

使用 74LS48 集成显示译码器及七段数码管制作闪烁数码显示器，并用 Multisim10.0 仿真软件进行闪烁数码显示器功能测试。其仿真电路如图 2-2-14 所示。

仿真步骤如下：

（1）设置输入端 D、C、B、A 依次输入 0000~1001 时观察并记录结果；

（2）设置 $\overline{B}_I$ 的状态观察闪烁数码显示器显示情况并记录结果。

结论：

（1）显示译码器由显示译码集成电路（如 74LS48）和显示器（如七段数码管）两部分组成。

（2）$\overline{B}_I$ 为显示译码集成电路的消隐控制端，当 $\overline{B}_I$ = 1 时译码器工作，否则译码器七段全部熄灭，借此形成闪烁效果。

2. 数码显示器

数码显示器常接在译码器的后面，简称数码管，其功能是显示译码结果。常用的数码管有半导体数码管、液晶数码管和荧光数码管等。半导体数码管的种类有很多，按段数分为七段数码管和八段数码管，八段数码管比七段数码管多一个发光二极管单元（即一个小数点），

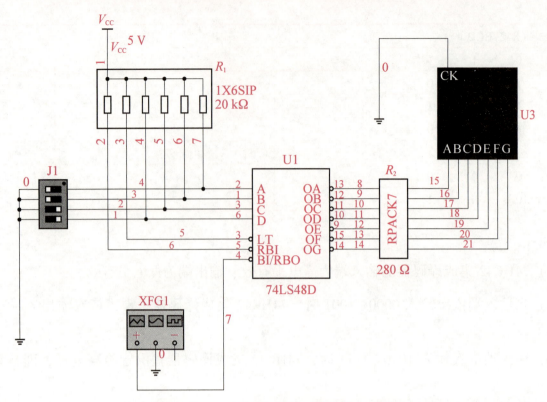

图 2-2-14　闪烁数码显示器仿真电路图

它是由分布在同一平面内的 8 个发光线段的不同组合来显示 0~9 10 个数字及小数点的，其引脚及分布如图 2-2-15（a）所示。例如，当 a、f、e、d、c、g 线段发光时，八段数码管就能显示数字"6"。

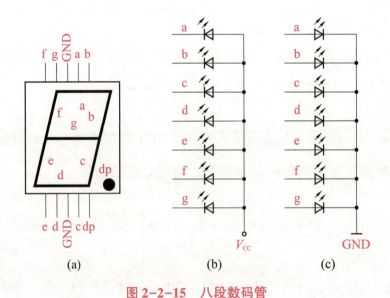

图 2-2-15　八段数码管

(a) 引脚及分布；(b) 共阳极接法；(c) 共阴极接法

半导体数码管按能显示多少个"8"还可分为 1 位、2 位、4 位数码管等；按发光二极管单元连接方式的不同可分为共阳极数码管和共阴极数码管，分别如图 2-2-15（b）、图 2-2-14（c）所示。共阳极接法中应将公共极接 +5 V 电源上，且接低电平的发光二极管发光；共阴极接法中应将公共极接地线，且接高电平的发光二极管发光。控制各引脚的电平高低，可显示出 0~9 不同的数字图形。

半导体数码管的优点是工作电压较低（1.5~3 V）、体积小、寿命长、亮度高、响应速度快、工作可靠性高，可以由门电路直接驱动。其缺点是工作电流大，每个字段的工作电流约为 10 mA。

四、巩固与练习

（一）基础巩固

1. 填空题

半导体数码管按内部发光二极管的接法不同，可分为_____和_____两种。

2. 简答题

什么是译码器？

（二）能力提升

（1）当共阴极数码管显示数字"3"时，数码管 a~g 引脚的电位如何？

（2）要求数码管显示数字"7"，却显示数字"1"，试分析原因，并说明检修方法。

技能实训　制作 3 人表决器

一、任务目标

（一）知识目标

（1）理解组合逻辑电路的特点。

（2）掌握组合逻辑电路设计方法。

（二）技能目标

能够独立制作 3 人表决器。

（三）素养目标

（1）激发学生学习兴趣，形成主动学习的习惯。

（2）培养团队精神，树立安全文明生产的观念，形成良好的职业道德。

二、任务要求

A、B、C 为 3 个控制按键，按下按键表示同意，否则为不同意。两人以上同意则表决通过，否则为不通过。若表决通过则指示灯亮，否则不亮。根据要求设计组合逻辑电路，完成 3 人表决器电路的设计和制作。

三、任务器材

74LS10 集成电路 1 块，74LS00 集成电路 1 块，按钮开关、电阻器若干，发光二极管套件 1 套，指针万用表 1 只，直流稳压电源 1 只。

四、任务实施

1. 元件的识别与检测

（1）读电阻色环，写出电阻标称值。

（2）用万用表测量电阻阻值，写出电阻实测值。

（3）用万用表测量发光二极管正向、反向电阻值。

（4）识读芯片 74LS10 引脚排列。

（5）用万用表对双位按钮进行质量检测。

2. 电路组装

（1）按电路图的结构，在万能板上绘制电路元件排列的布局图。

（2）按工艺要求对元件的引脚进行成型加工。

（3）按布局图在实验电路板上依次进行元件的排列、插装。

元件的排列与布局以合理、美观为标准。其中，电阻采用水平安装，双位按钮采用直立式安装，安装时应尽量紧贴印制电路板。

3. 焊接

焊接过程要严格按照五步操作法进行操作。要注意去除焊接面上的锈迹、油污、灰尘等，避免其影响焊接质量。在焊接过程中要注意安全用电，正确使用电烙铁；送锡时注意控制好送锡量，弹点要适中，不可过大或过小；电烙铁使用完毕后，应放在烙铁架上，并拔掉电源，注意安全文明生产。

五、知识链接

（一）电气原理图

3 人表决器电气原理图如图 2-2-16 所示。

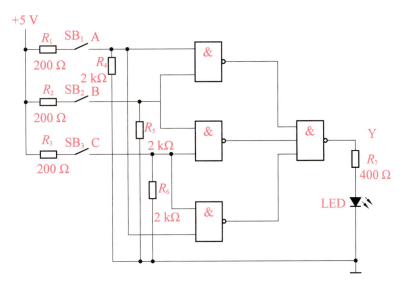

图 2-2-16　3 人表决器电气原理图

（二）工作原理

3 人表决器电路由 74LS00 的 3 个二输入与非门电路和 74LS10 的一个三输入与非门电路构成。当 A、B、C 中任意两人按下按钮后，工作电路向 74LS00 中任意一个与非门电路输入端输入两个高电平，74LS00 的输出端输入进 74LS10 任意一个三输入与非门电路中。电路只要满足一个条件即输出端有电压输出，发光二极管就能被点亮。其中 74LS00、74LS10 集成电路的引脚如图 2-2-17 所示。

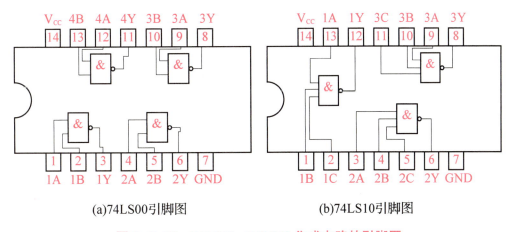

(a) 74LS00 引脚图　　　　　　(b) 74LS10 引脚图

图 2-2-17　74LS10、74LS10 集成电路的引脚图

（三）元件的选择与简单检测

由 74LS00、74LS10 芯片构成的 3 人表决器元件清单如表 2-2-8 所示，选择需要的元件，并作简单检测，确保无不良元件。

表 2-2-8　3 人表决器元件清单

序号	名称	型号	数量
1	电阻 $R_4 \sim R_6$	2 kΩ	3 只
2	电阻 R_7	400 Ω	1 只
3	电阻 $R_1 \sim R_3$	200 Ω	3 只
4	开关	—	3 只
5	发光二极管	—	1 只
6	集成电路 1	74LS00	1 块
7	集成电路 2	74LS10	1 块
8	IC 座	IC 插座 14P	2 块

六、任务测评

任务测评表如表 2-2-9 所示。

表 2-2-9　任务测评表

知识与技能（70 分）				
序号	测评内容	组内互评	组长评价	教师评价
1	能够设计 3 人表决器的电路图（30 分）			
2	能够根据电路图安装套件（20 分）			
3	能够完成 3 人表决器的焊接且功能完好（20 分）			
基本素养（30 分）				
1	无迟到、早退及旷课行为（10 分）			
2	具有自主学习与团队协作能力（10 分）			
3	注意安全、操作规范（10 分）			
综合评价				

七、巩固与练习

(一) 基础巩固

(1) 制作3人表决器的步骤是什么？

(2) 请说说你所理解的组合逻辑电路设计中的"最佳电路"。

(二) 能力提升

(1) 总结装配、调试的制作经验和教训并与同学分享。

(2) 尝试制作以A为主裁判的3人表决器。具体要求是，A、B、C为3个控制按键，按下按键表示同意，否则为不同意。两人以上同意且必须包括主裁判A同意才表示表决通过，否则为不通过。根据上述要求设计组合逻辑电路，完成3人表决器电路的设计。

模块三 触发器

触发器是逻辑电路的基本单元电路,具有记忆功能,可用于二进制数据储存,记忆信息等。在日常的生产和生活中,触发器的应用十分广泛,如触摸按键控制的微波炉、触摸屏的洗衣机、电子秤等。触发器还是构成各类数码存储器、计数器的基本单元电路。

第一单元 RS 触发器

一、单元导入

触发器根据结构的不同,可分为基本触发器、时钟触发器。RS 触发器是最基本的触发器。

二、单元目标

(一) 知识目标

(1) 了解 RS 触发器的电路组成、特点、时钟脉冲作用。
(2) 掌握 RS 触发器所能实现的逻辑功能。

(二) 技能目标

能够通过实验实现 RS 触发器的逻辑功能。

(三) 素养目标

(1) 培养学生动手能力、自主学习能力。
(2) 培养团队精神,形成良好的职业道德。

三、知识链接

（一）基本 RS 触发器

1. 电路组成

最简单、最基本的触发器是基本 RS 触发器，通常由两个与非门构成，其逻辑电路及图形符号如图 2-3-1 所示。其中 $\overline{R}$、$\overline{S}$ 是输入端，Q 和 $\overline{Q}$ 是输出端。

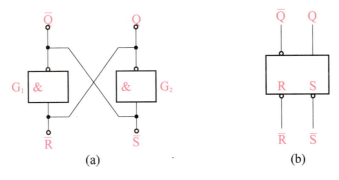

图 2-3-1　基本 RS 触发器

（a）逻辑电路；（b）图形符号

2. 仿真实例

用 Multisim10.0 仿真软件创建基本 RS 触发器仿真电路，如图 2-3-2 所示，Q 和 $\overline{Q}$ 状态分别用灯 X_1、X_2 状态显示，亮为 1、灭为 0。当 $\overline{R}$、$\overline{S}$ 分别为 11、01、10、00，Q 初始状态分别为 0、1 时，观察输出状态，记录观察结果并与表 2-3-1 所示的基本 RS 触发器逻辑功能作对比。通过比较输出结果，总结其功能特点。

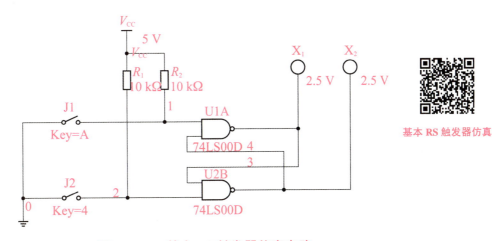

图 2-3-2　基本 RS 触发器仿真电路

表 2-3-1 基本 RS 触发器逻辑功能

输入信号		输出状态		逻辑功能
$\overline{R}$	$\overline{S}$	Q^n（初始状态）	Q^{n+1}（触发后状态）	
1	1	0 1	0 1	保持
0	1	0 1	0 0	置0
1	0	0 1	1 1	置1
0	0	0 1	不定	禁止

结论：

（1）$\overline{R}$ 为置 0 端，$\overline{S}$ 为置 1 端，非号（-）表示低电平触发有效。在选用触发器时，应了解电路结构形式和触发方式，认清置 0 端、置 1 端是低电平有效还是高电平有效。

（2）$\overline{R}=0$，$\overline{S}=0$ 即两输入端同时为有效信号时，Q 与 $\overline{Q}$ 同时被强迫为 1，出现逻辑混乱，所以这种状态应当避免。

（二）同步 RS 触发器

基本 RS 触发器的优点是电路简单，是构成各种功能触发器的基本单元；缺点是输出状态的改变直接受输入信号的控制，使其应用受到限制。因此在数字电路中，通常由时钟脉冲 CP 来控制触发器按一定的节拍同步动作，即各触发器只有在同步信号到来时，才能由输入信号改变触发器的输出状态。这样的触发器称为同步 RS 触发器，这个同步信号称为时钟脉冲或 CP 脉冲或同步信号。

1. 电路组成

同步 RS 触发器是在基本 RS 触发器的基础上，增加了两个与非门 G_3、G_4 和一个时钟脉冲端 CP。其逻辑电路与图形符号如图 2-3-3 所示。

其中，R 为置 0 端，S 为置 1 端，引

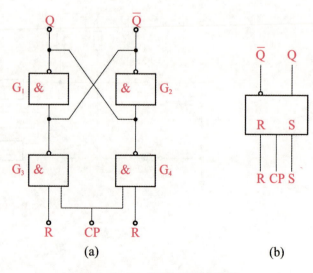

图 2-3-3 同步 RS 触发器

(a) 逻辑电路；(b) 图形符号

脚有小圆圈的代表低电平有效，否则高电平有效。

2. 逻辑功能

同步 RS 触发器中的 G_3、G_4 相当于工作的大门，当 CP＝1 时，G_3、G_4 为打开状态，触发器的状态由 R、S 决定；当 CP＝0 时，G_3、G_4 为关闭状态，触发器的状态不受 R、S 输入端的影响，始终维持原状，其逻辑功能如表 2-3-2 所示。

表 2-3-2　同步 RS 触发器逻辑功能

时钟脉冲 CP	输入信号		输出状态	逻辑功能
	R	S	Q^{n+1}	
0	×	×	Q^n	保持
1	0	0	Q^n	保持
	0	1	0	置 1
	1	0	1	置 0
	1	1	×	禁止

四、巩固与练习

（一）基础巩固

（1）什么是触发器？它和门电路有何区别？

（2）同步 RS 触发器是如何工作的？

（二）能力提升

如图 2-3-4 所示，同步 RS 触发器 Q 的初始状态为 0，请根据 CP、S、R 的波形画出 Q 的波形。

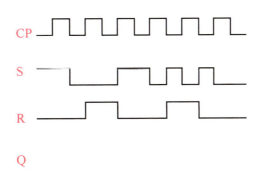

图 2-3-4　能力提升题图

第二单元　JK 触发器

一、单元导入

同步 RS 触发器在 CP=1 期间，还是存在不确定的状态，应用也受到较大限制。因此，在此基础上又发展了功能较完善的、可以克服同步 RS 触发器缺点的 JK 触发器。

二、单元目标

（一）知识目标

(1) 了解 JK 触发器的电路组成。
(2) 掌握主从 JK 触发器的逻辑功能。
(3) 了解 74LS112 的外形与结构图，以及各引脚功能。

（二）技能目标

能阅读和理解 JK 触发器组成的典型应用电路，并能按电路图进行安装和调试。

（三）素养目标

(1) 培养学生分析问题的能力。
(2) 培养学生谨慎、踏实的学习精神。

三、知识链接

（一）电路组成

JK 触发器是在同步 RS 触发器的基础上引入两条反馈线构成的，其逻辑电路如图 2-3-5（a）所示。图形符号中，CP 端有小圆圈的表示下降沿触发，无小圆圈的表示上升沿触发，如图 2-3-5（b）所示。

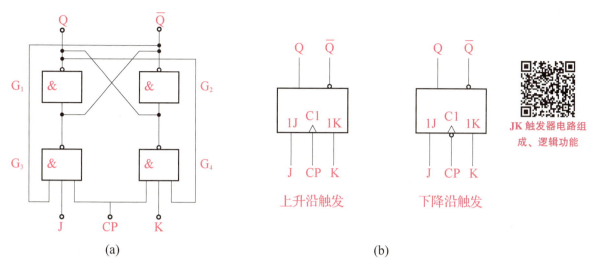

图 2-3-5 JK 触发器

（a）逻辑电路；（b）图形符号

（二）逻辑功能

JK 触发器不仅可以避免不确定状态，而且增加了触发器逻辑功能中的翻转功能，JK 触发器逻辑功能如表 2-3-3 所示。

表 2-3-3 JK 触发器逻辑功能

输入信号		输出状态	逻辑功能
J	K	Q^{n+1}	
0	0	Q^n	保持
0	1	0	置 0
1	0	1	置 1
1	1	$\overline{Q^n}$	翻转

翻转功能又称为计数功能，即在 CP=1 期间，当 J=1、K=1 时，每到来一个 CP 脉冲，触发器状态就翻转一次。

例 2-3-1 上升沿触发的集成 JK 触发器的 CP、J、K 端波形如图 2-3-6 所示。请画出 Q（Q 初始状态为 0）、$\overline{Q}$ 的波形。

解：因集成 JK 触发器是上升沿触发的，所以只有 CP 脉冲的上升沿到来时，触发器才会根据 J、K 的值发生变化。Q、$\overline{Q}$ 的波形如图 2-3-6 所示。

JK 触发器的特点是受时钟脉冲控制，其功能比较完善，既能置 0、置 1、保持原来状态不变，

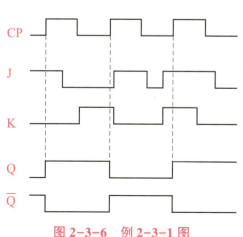

图 2-3-6 例 2-3-1 图

又能分频和计数,因此应用比较广泛。

> **职教高考模拟题**
>
> 下降沿触发的集成 JK 触发器,当输入端 J=1、K=0 时,CP 脉冲低电平期间,触发器的状态是(　　)。
>
> A. 置 0　　　　B. 置 1　　　　C. 翻转　　　　D. 不变

四、巩固与练习

(一) 基础巩固

RS 触发器和 JK 触发器的逻辑功能有什么差异?

(二) 能力提升

下降沿触发的集成 JK 触发器的 J、K、CP 端的波形如图 2-3-7 所示。试画出 Q(初始状态为 0)和 $\overline{Q}$ 的波形。

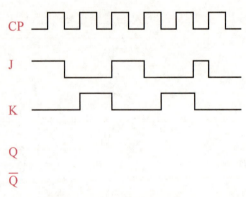

图 2-3-7　能力提升题图

*第三单元　D 触发器

一、单元导入

D 触发器只有一个信号输入端,当 CP=0 时,D 触发器不动作;当 CP=1 时,其输出立即变成与输入相同的电平。

二、单元目标

（一）知识目标

（1）掌握 D 触发器的图形符号和逻辑功能。

（2）掌握 D 触发器的应用。

（二）技能目标

能够分析 D 触发器的工作状态。

（三）素养目标

（1）培养学生严谨治学的态度。

（2）提高学生专业学习的热情、缜密逻辑思维能力。

三、知识链接

（一）逻辑电路及图形符号

D 触发器可以由 JK 触发器演变而来，即 JK 触发器的 K 端串接一个非门后再与 J 端相连，作为 D 触发器的 D 输入端，即构成 D 触发器，如图 2-3-8 所示。图 2-3-8（a）、图 2-3-8（b）分别为 D 触发器的逻辑电路、图形符号。

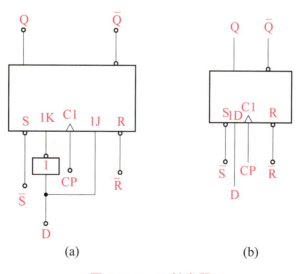

图 2-3-8 D 触发器

（a）逻辑电路；（b）图形符号

（二）逻辑功能

D 触发器的 $\overline{S}$、$\overline{R}$ 端是直接置 0、置 1 端，不受 CP 脉冲的控制。D 是控制输入端，在 CP 上升沿到来时触发器是否翻转由 D 控制。集成 D 触发器逻辑功能如表 2-3-4 所示。

表 2-3-4 集成 D 触发器逻辑功能

输入信号	输出状态	逻辑功能
D	Q^{n+1}	
1	1	置 1
0	0	置 0

例 2-3-2 上升沿触发的集成 D 触发器，其 CP、D 端的波形如图 2-3-9 所示，请画出 Q（Q 初始状态为 1）和 $\overline{Q}$ 的波形。

解：集成 D 触发器是 CP 上升沿触发的，因此只有在 CP 的上升沿到来时触发器才可能会根据 D 状态发生变化，Q、$\overline{Q}$ 的波形如图 2-3-9 所示。

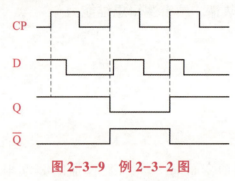

图 2-3-9 例 2-3-2 图

集成 D 触发器抗干扰性能好，应用广泛，可用作数字信号的寄存、移位寄存、计数、分频和波形发生器等。

四、巩固与练习

（一）基础巩固

（1）怎样将 JK 触发器转换成 D 触发器？

（2）请简述 D 触发器的逻辑功能。

（二）能力提升

下降沿触发的集成 D 触发器，其 CP、D 端的波形如图 2-3-10 所示，请画出 Q（Q 初始状态为 0）和 $\overline{Q}$ 的波形。

图 2-3-10 能力提升题图

技能实训 制作 4 人抢答器

一、任务目标

（一）知识目标
（1）掌握 D 触发器的功能和应用常识。
（2）掌握简易抢答器电路组成和工作原理。

（二）技能目标
能够完成简易抢答器的安装、焊接与调试。

（三）素养目标
（1）培养学生的动手能力。
（2）培养学生的自主学习能力。

二、任务要求

简易抢答器是我们生活中最常见的一种基本电路，其集成触发器产品通常为 D 触发器和 JK 触发器。在选用集成触发器时，不仅要知道它的逻辑功能，还必须知道它的触发方式。只有这样，才能正确地使用好触发器。

三、任务器材

直流稳压电源 1 只、数字万用表 1 只、焊接工具 1 套、抢答器套件 1 套。

四、任务实施

1. 元件的识别与检测

（1）读电阻色环，写出电阻标称值。
（2）用万用表测量电阻阻值，写出电阻实测值。
（3）用万用表测量发光二极管正、反向电阻值。

(4) 识读芯片 CD4002、CD4043 引脚排列。

(5) 用万用表对按键进行质量检测。

2. 电路组装

(1) 按电路图的结构，在万能板上绘制电路元件排列的布局图。

(2) 按工艺要求对元件的引脚进行成型加工。

(3) 按布局图在实验电路板上依次进行元件的排列、插装。

元件的排列与布局以合理、美观为标准。其中，电阻采用水平安装，按键采用直立式安装，按键安装时应尽量紧贴印制电路板。

3. 焊接

焊接过程要严格按照五步操作法进行操作。要注意去除焊接面上的锈迹、油污、灰尘等，避免其影响焊接质量。在焊接过程中要注意安全用电，正确使用电烙铁；送锡时注意控制好送锡量，弹点要适中，不可过大或过小；电烙铁使用完毕后，应放在烙铁架上，并拔掉电源，注意安全文明生产。

五、知识链接

（一）电气原理图

4 人抢答器电气原理图如图 2-3-11 所示。

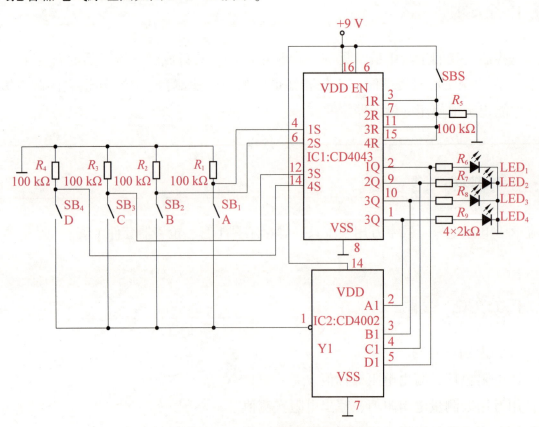

图 2-3-11　4 人抢答器电气原理图

（二）工作原理

图 2-3-6 中 IC1 为四-三态 RS 锁存器 CD4043，IC2 为双四输入或非门 CD4002，它们组成四路按键输入与互锁电路。CD4043 中的 4 个置 1 端 S 与 4 个抢答输入按键 $SB_1 \sim SB_4$ 相连，4 个输出端通过 CD4002 与抢答输入按键的另一端相连。4 个复位端 R 并联后与总复位按键 SB_5 相连，供主持人作总复位使用。

（三）元件的选择与简单检测

图 2-3-6 中的 4 人抢答器元件清单如表 2-3-5 所示，选择需要的元件，并作简单检测，确保无不良元件。

表 2-3-5　4 人抢答器元件清单

序号	名称	型号	数量
1	四-三态 RS 锁存器	CD4043	1 块
2	双四输入或非门	CD4002	1 块
3	按钮开关 $SB_1 \sim SB_5$		5 只
4	电阻 $R_1 \sim R_5$		5 只
5	电阻 $R_6 \sim R_9$		4 只
6	发光二极管 $LED_1 \sim LED_4$		4 只
7	指针万用表		1 只
8	数字万用表		1 只
9	直流稳压电源		1 只
10	电烙铁		1 只
11	焊接材料		1 套
12	电子实训通用工具		1 套
13	单孔印制电路板		1 块

六、任务测评

任务测评表如表 2-3-6 所示。

表 2-3-6　任务测评表

知识与技能（70分）					
序号	测评内容	组内互评	组长评价	教师评价
1	掌握 D 触发器的正确使用（20分）			
2	掌握简易抢答器电路组成和工作原理（30分）			
3	能够完成抢答器的制作且功能良好（20分）			
基本素养（30分）					
1	无迟到、早退及旷课行为（10分）			
2	具有自主学习与团队协作能力（10分）			
3	注意安全、操作规范（10分）			
综合评价				

七、巩固与练习

（一）基础巩固

（1）请简述制作 4 人抢答器的步骤。

（2）焊接五步操作法是什么？

（二）能力提升

若在抢答时抢答题还在发出声音，则电路要怎样改进？

模块四

时序逻辑电路

时序逻辑电路简称时序电路，它由逻辑门电路和具有记忆功能的触发器组成，因而也具有记忆功能，即任何时刻电路的输出状态不仅与当时的输入状态有关，还与电路的前一个状态有关。寄存器和计数器是常用的时序逻辑电路，广泛应用于自动控制、自动检测和计时电路等方面。

第一单元 寄存器

一、单元导入

寄存器是由具有存储功能的触发器构成的。其主要用来存放数码或存放以二进制代码形式表示的信息。按照功能的不同，可将寄存器分为基本寄存器和移位寄存器两大类。本单元将以移位寄存器为例介绍寄存器的相关基础知识。

二、单元目标

（一）知识目标

（1）了解寄存器的功能、基本构成和常见类型。
（2）了解典型集成移位寄存器的应用。

（二）技能目标

能列举典型集成移位寄存器的应用。

（三）素养目标

（1）培养学生认真细致的学习态度。
（2）培养学生的团队协作意识。

三、知识链接

寄存器具有数码寄存和移位两种功能。所谓移位,就是将存放的数码依次在移位脉冲的作用下,向左或向右移动。

(一)数码寄存器

数码寄存器的功能是在 CP 时钟脉冲的控制下,接收输入的二进制数码并储存起来。

1. 电路组成

4 位数码寄存器是由基本 RS 触发器和门电路组成的,其逻辑电路如图 2-4-1 所示。

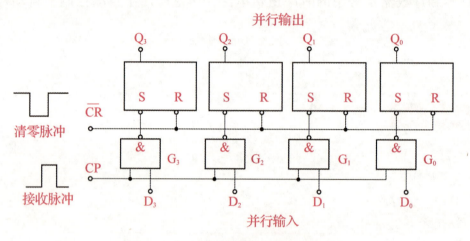

图 2-4-1　4 位数码寄存器逻辑电路

4 个 RS 触发器的复位端连接在一起,作为寄存器的总清零端 $\overline{CR}$,且低电平时清零有效。$D_0 \sim D_3$ 是寄存器的数据输入端,$Q_0 \sim Q_3$ 是寄存器的数据输出端。

2. 工作原理

4 位数码寄存器的工作分两步完成。

(1)清零。

在接收数据前先在复位端 $\overline{CR}$ 上加一个清零脉冲,把所有触发器置 0($Q_0 \sim Q_3$ 均为 0 态),寄存器清除原来的数码,清零脉冲恢复高电平后,为接收数据做好准备。

(2)接收脉冲控制数据寄存。

接收脉冲 CP(正脉冲)到来,将 $G_0 \sim G_3$ 打开,接收输入数据 $D_0 \sim D_3$。例如,输入数码 $D_3D_2D_1D_0 = 1001$,则与非门 G_3、G_2、G_1、G_0 输出为 0110,各触发器被置成 1001,即 $Q_3Q_2Q_1Q_0 = 1001$,从而完成接收和寄存工作。

可以看出,上述寄存器在工作时,同时输入各位数码 $D_0 \sim D_3$,并同时输出各位数码 $Q_0 \sim Q_3$,所以称其为并行输入、并行输出寄存器。

数码寄存器的工作原理

3. 注意事项

数码寄存器的优点是存储时间短、速度快，可用来当作高速缓冲存储器；其缺点是一旦停电后，所存储的数码便全部丢失。因此，数码寄存器通常用于暂存工作过程中的数据和信息的存储，不能作为永久的存储器使用。

寄存器若出现各位数据都无法正常存储的故障时，检查的基本步骤有 3 步，第 1 步是先查工作电源是否正常；第 2 步是检查复位端是否被置成复位状态；第 3 步是用示波器观测 CP 脉冲是否输入到触发控制端。

（二）移位寄存器

移位是指在移位脉冲的控制下，触发器的状态向左或向右依次转移的数码处理方式。移位在数字系统中非常重要，在进行二进制加法、乘法、除法等运算时，需要应用这种逻辑功能。移位寄存器既具有寄存数码的功能，又具有将数码在寄存器中单向或双向移位的功能。

1. 电路组成

由 JK 触发器构成的 4 位单向右移寄存器如图 2-4-2 所示。

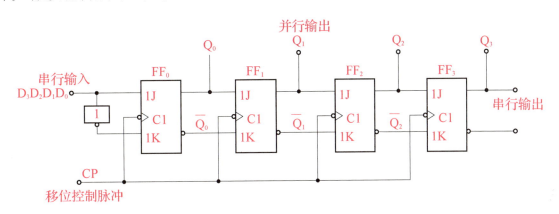

图 2-4-2　4 位单向右移寄存器

图 2-4-2 中各触发器的 J、K 端均与相邻低位触发器的 Q、$\overline{Q}$ 端连接，左边最低位的 JK 触发器 FF_0 的 K 端串接一个非门后再与 J 端相连，作为接收外来数据的输入端。各个 JK 触发器的 J 端与 K 端总是处于相反状态，使 JK 触发器只具有置 0 和置 1 的功能。移位控制信号同时加到各触发器的 CP 端。

2. 工作原理

在 CP 下降沿作用下，待存数码送到 FF_0，其他各触发器的状态与 CP 作用前一瞬间低一位触发器的状态相同，即寄存器中的原有数码依次右移 1 位。

下面以存入数码 1011 为例，分析 4 位单向右移寄存器的工作原理，其移位过程如图 2-4-3 所示。

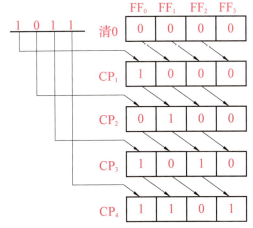

图 2-4-3　4 位单向右移寄存器移位过程

首先，假设要寄存的数码 $D_3D_2D_1D_0=1011$。

其次，对寄存器清 0。

最后，将被存放数码从高位到低位按移位脉冲节拍依次送到 D_0 端（称串行输入方式），观察输出端 $Q_3Q_2Q_1Q_0$ 的移位输出情况。

4 位单向右移寄存器输出端有以下 4 种输出情况。

（1）若当第 1 个 CP 上升沿到来时，$D_0=1$，则 $Q_3Q_2Q_1Q_0=0001$。

（2）若当第 2 个 CP 上升沿到来时，$D_0=0$，则 $Q_3Q_2Q_1Q_0=0010$。

（3）若当第 3 个 CP 上升沿到来时，$D_0=1$，则 $Q_3Q_2Q_1Q_0=0101$。

（4）若当第 4 个 CP 上升沿到来时，$D_0=1$，则 $Q_3Q_2Q_1Q_0=1011$。

当外部需要该组数码时，可从 $Q_3Q_2Q_1Q_0$ 并行输出，也可再经 4 次移位将数码从 Q_3 端逐位输出（称串行输出方式）。

（三）集成移位寄存器

集成双向移位寄存器中的数码既可左移，又可右移。其主要分为 TTL 和 COMS 两大类集成产品系列。其中常用的 4 位双向通用移位寄存器为 CT74LS194 和 CC40194，两者功能相同，可互换使用。现以 CT74LS194 为例介绍集成移位寄存器的相关知识。

1. 图形符号及引脚排列

图 2-4-4 为 TTL 型 4 位双向通用移位寄存器 CT74LS194 引脚排列及图形符号。

$D_0\sim D_3$ 是并行数据输入端，$Q_0\sim Q_3$ 是并行数据输出端。D_{SR} 是右移串行数据输入端，D_{SL} 是左移串行数据输入端。CR 时无条件清零端，CP 为时钟脉冲输入端。M_0 和 M_1 是双向移位寄存器的控制端。

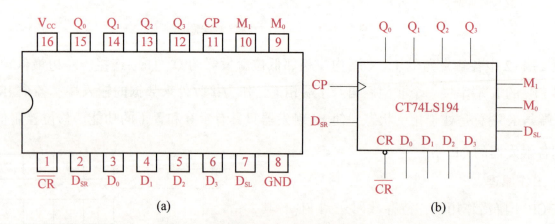

图 2-4-4　TTL 型 4 位双向通用移位寄存器 CT74LS194 引脚排列及图形符号

（a）引脚排列；（b）图形符号

2. 逻辑功能

TTL 型 4 位双向通用移位寄存器 CT74LS194 工作状态如表 2-4-1 所示。图中"↑"表示 CP 脉冲的上升沿到来。

表 2-4-1　TTL 型 4 位双向通用移位寄存器 CT74LS194 工作状态

控制输入				输出功能
$\overline{CR}$	M_0	M_1	CP	$Q_3Q_2Q_1Q_0$
0	×	×	×	清 0
1	0	0	×	保持（状态不变）
1	0	1	↑	右移，串入并出
1	1	0	↑	左移，串入并出
1	1	1	↑	并行，并入并出

四、巩固与练习

（一）基础巩固

（1）寄存器的功能是什么？

（2）寄存器的常见类型有哪些？

（二）能力提升

如果要寄存 6 位二进制代码 110011，则通常要用几个触发器来构成寄存器？

第二单元　计数器

一、单元导入

计数器是指在数字系统中，能统计输入脉冲个数的电路。计数器不仅可用于计数，还可用于分频、定时、产生节拍脉冲以及进行数字运算等，从小型数字仪表到大型电子数字计算机均不可缺少计数器这一基本电路。

二、单元目标

（一）知识目标

（1）了解计数器的功能及计数器的类型。

（2）掌握典型的二进制、十进制集成计数器的特性及应用。

(二) 技能目标

能对十进制计数器进行安装和功能测试。

(三) 素养目标

(1) 激发学生的学习兴趣，使其形成主动学习的习惯。
(2) 培养团队意识，形成良好的职业道德。

三、知识链接

计数器的种类有很多，按计数的进位体制不同，可分为二进制、十进制和 N 进制计数器等；按计数器中各触发器状态转换时刻的不同，可分为同步计数器和异步计数器；按计数器中数值的增、减情况，可分为加法计数器、减法计数器、可逆（加/减）计数器。下面主要以二进制计数器和异步十进制计数器为例介绍计数器的相关知识。

(一) 二进制计数器

二进制计数器是指在计数脉冲作用下，各触发器状态的转换按二进制数的编码规律进行计数的数字电路。

1. 电路组成

图 2-4-5 为 3 位二进制加法计数器，其电路是用 3 个 JK 触发器连成。

各位触发器的 $\overline{R}$，连接在一起作为计数器的直接复位输入信号；FF_0 为最低位触发器，其控制端 C_1 接收输入脉冲，输出信号 Q_0 作为触发器 FF_1 的 CP，输出信号 Q_1 作为触发器 FF_2 的 CP。各触发器的 J、K 端均悬空，相当于 J = K = 1，处于计数状态。当各触发器接收到负跳变脉冲信号时状态就翻转。

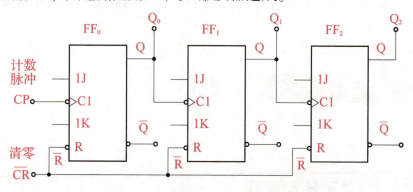

图 2-4-5 3 位二进制加法计数器

2. 工作原理

计数前，先在 $\overline{CR}$ 端加入清零负脉冲，置 3 位二进制数为 000。

当第 1 个计数脉冲下降沿到来后，Q_0 由 0 翻转到 1，二进制数 $Q_2Q_1Q_0 = 001$。

当第 2 个计数脉冲下降沿到来后，Q_0 由 1 翻转到 0，触发 FF_1 使 Q_1 由 0 翻转到 1，二进制数 $Q_2Q_1Q_0 = 010$。

当第 3 个计数脉冲下降沿到来后，Q_0 由 0 翻转到 1，此时该脉冲的上升沿并不触发 FF_1，仍保持 $Q_1 = 1$，二进制数 $Q_2Q_1Q_0 = 011$。

二进制计数器的工作原理

依此类推，当第 7 个计数脉冲下降沿到来后计数器状态为 111；当第 8 个计数脉冲下降沿到来后计数器又回到 000 状态，从而完成一次计数循环。

（二）异步十进制计数器

十进制计数器是在计数脉冲作用下，各触发器状态按十进制数的编码规律进行转换的数字电路。

我们知道，用二进制数表示十进制数的方法称为二-十进制编码（即 8421BCD 码）。十进制数有 0~9 共 10 个数码，由于 3 位二进制数只能有 8 个状态，故 4 位二进制数可表示 16 个状态。而表示十进制数只需要 10 个状态，因此需要去掉 1010~1111 这 6 个状态即可。十进制加法计数器计数状态表如表 2-4-2 所示。

表 2-4-2　十进制加法计数器计数状态表

输入脉冲个数	二进制数码				对应的十进制数码
	Q_3	Q_2	Q_1	Q_0	
0	0	0	0	0	0
1	0	0	0	1	1
2	0	0	1	0	2
3	0	0	1	1	3
4	0	1	0	0	4
5	0	1	0	1	5
6	0	1	1	0	6
7	0	1	1	1	7
8	1	0	0	0	8
9	1	0	0	1	9
10	1	0	1	0	伪码不用
11	1	0	1	1	
12	1	1	0	0	
13	1	1	0	1	
14	1	1	1	0	
15	1	1	1	1	
权	8	4	2	1	

类似于二进制计数器，十进制计数器也可分为同步十进制加法计数器、同步十进制减法计数器、异步十进制加法计数器、异步十进制减法计数器等类型。下面以异步十进制加法计数器为例介绍异步十进制计数器的相关知识。

1. 电路组成

异步十进制加法计数器电路如图 2-4-6 所示，它是由 4 位二进制计数器和一个用于计数器清 0 的门电路组成。与二进制加法计数器的主要差异是其跳过了二进制数码 1010~1111 的 6 个状态。

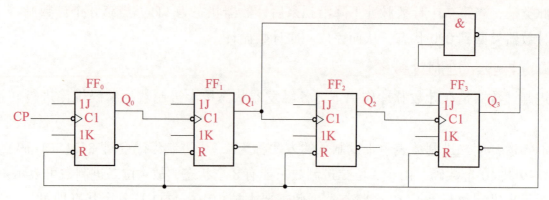

图 2-4-6 异步十进制加法计数器电路

2. 工作原理

计数器输入 0~9 任意 1 个计数脉冲时，其工作过程与 4 位二进制计数器完全相同，第 9 个计数脉冲到来后 $Q_3Q_2Q_1Q_0$ 状态为 1001。

当第 10 个计数脉冲到来后，Q_0 由 1 变为 0，计数器状态为 $Q_3Q_2Q_1Q_0=1010$，与非门输入全为 1，输出全为 0，使各触发器复位，即 $Q_3Q_2Q_1Q_0=0000$，跳过了二进制数码 1010~1111 的 6 个状态，同时使与非门输出又变为 1，计数器重新开始工作。从而实现 8421BCD 码十进制加法计数的功能。

3. 集成计数器的应用

集成计数器是将触发器和相应控制门电路集成在一块芯片上，其优点是使用方便且便于扩展。中规模集成同步计数器类型有很多，常见的 4 位十进制集成计数器有 74LS160、74LS162 等；4 位二进制集成计数器有 74LS161，74LS163 等。其引脚功能可查阅数字集成电路手册。

1）引脚排列及逻辑符号

74LS161 芯片的引脚排列和图形符号如图 2-4-7 所示。

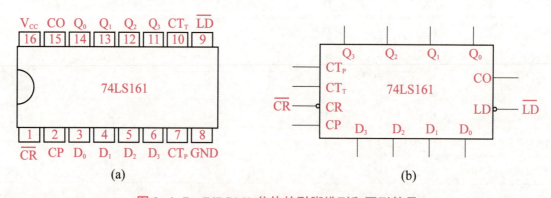

图 2-4-7 74LS161 芯片的引脚排列和图形符号

（a）引脚排列；（b）图形符号

其中：V_{CC}——接电源正端；

GND——接地端；

$\overline{CR}$——清零端，当 $\overline{CR}=0$ 时，计数器清零；

$Q_0 \sim Q_3$——4 位数码输出端；

$D_0 \sim D_3$ ——置数输入端；

$\overline{LD}$ ——置数控制端，当$\overline{LD}=0$且CP计数脉冲到来时，输出端$Q_0 \sim Q_3$与$D_0 \sim D_3$状态一致；

CO——进位输出端，当计数发生溢出时，从CO端送出正跳变进位脉冲；

CT_T、CT_P——计数控制端，当全为高电平时为计数状态，若其中有一个为低电平，则计数器处于保持数据状态。

2）逻辑功能

74LS161芯片是4位同步二进制加法计数器，其逻辑功能如表2-4-3所示。

表2-4-3　74LS161芯片逻辑功能

输入信号									输出				逻辑功能
$\overline{CR}$	$\overline{LD}$	CT_P	CT_T	CP	D_3	D_2	D_1	D_0	Q_3	Q_2	Q_1	Q_0	
0	×	×	×	×	×	×	×	×	0	0	0	0	异步清零
1	0	×	×	↑	d_3	d_2	d_1	d_0	d_3	d_2	d_1	d_0	同步置数
1	1	0	×	×	×	×	×	×	保持				锁存数据
1	1	×	0	×	×	×	×	×					
1	1	1	1	↑	×	×	×	×	每来一次CP，加1计数				4位二进制加法计数

74LS161芯片的逻辑功能主要有以下4种。

（1）异步清0。

当$\overline{CR}=0$时，不管其他输入端的状态如何，无论有无时钟脉冲，计数器输出将直接置零（$Q_3Q_2Q_1Q_0=0000$），又称为异步清零。

（2）同步预置数。

当$\overline{CR}=1$，同步置数控制端$\overline{LD}=0$，且在CP上升沿作用时，并行输入数据被置入计数器的输出端，使$Q_3Q_2Q_1Q_0=D_3D_2D_1D_0$，由于这个操作要与CP同步，所以又称为同步预置数。

（3）保持。

当$\overline{CR}=\overline{LD}=1$，$CT_T$或$CT_P=0$时，输出$Q_3Q_2Q_1Q_0$保持不变。这时若$CT_P=0$、$CT_T=1$，则进位输出信号CO保持不变；若$CT_P=1$、$CT_T=0$，则进位输出信号CO为低电平。

（4）计数。

当$\overline{CR}=\overline{LD}=CT_T=CT_P=1$，CP为上升沿有效时，可以实现加法计数功能。

四、巩固与练习

（一）基础巩固

（1）组合逻辑电路和时序逻辑电路的区别是什么？

(2) 请简要介绍计数器的概念、种类、功能。

(二) 能力提升

异步十进制加法计数器与二进制加法计数器的主要差异是什么？

技能实训　制作秒计数器

一、任务目标

(一) 知识目标

(1) 熟悉计数器的功能和分类。
(2) 理解计数器的工作原理。
(3) 掌握通用中规模计数器的应用。

(二) 技能目标

(1) 能够在老师的指导下自主探究。
(2) 能够利用所学理论知识解决实际问题。

(三) 素养目标

(1) 培养学生的实践素养（学生自主讨论研究设计电路并搭连电路）和团队协作能力。
(2) 学生现场 8S 管理培养。

二、任务要求

请按图 2-4-8 所示的秒计数器电路图制作秒计数器。

三、任务器材

直流稳压电源 1 只、指针万用表 1 只、焊接工具 1 套、秒计数器套件 1 套。

四、任务实施

(1) 根据图 2-4-8 电路连接电路。

（2）焊接电路。

（3）检查电路连线无误后，V_{CC}端接上+5 V电源，进行电路调试。

（4）用万用表测量输入、输出电压值。

（5）在计数器的CP端连续输入单个脉冲，观测并记录数码管的显示结果。

五、知识链接

（一）电气原理图

秒计数器电气原理图如图 2-4-8 所示。

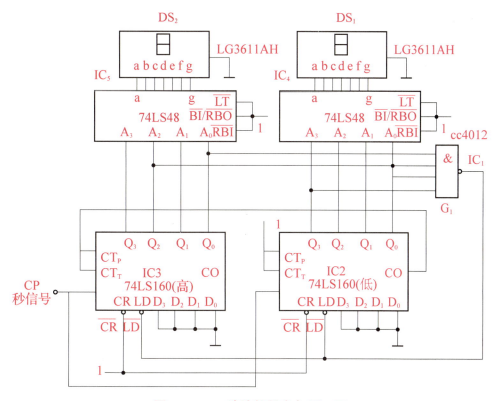

图 2-4-8　秒计数器电气原理图

（二）工作原理

计数器从全 0 状态开始计数，当低位片从 0（0000）计数到 9（1001）时，CO 输出变为高电平，当下一个 CP 信号到达时，高位片为计数工作状态，计入一个 1，而低位片计成 0（0000）；接着低位片再从 0（0000）继续计数，当低位片计到 9（1001）时，CO 输出变为高电平，当下一个 CP 信号到达时，高位片为计数工作状态，高位片计入一个 1，变为 2（0010）……直到当高位片计到 5（0101），低位片计到 9（1001）时，经与非门 G_1 产生一个低电平信号，立即将两片 74LS160 芯片的 LD 同时置 0，当第 60 个脉冲输入时，并行输入的数据 $D_3D_2D_1D_0$ = 0000，被置入计数器的低位和高位的 74LS160 芯片中，实现计数器的置零功能，从而实现六十进制计数。

（三）元件的选择与简单检测

图 2-4-8 中的秒计数器元件清单如表 2-4-4 所示，选择需要的元件，并作简单检测，确保无不良元件。

表 2-4-4　秒计数器元件清单

序号	名称	型号	数量/块
1	IC_1	双 4 输入与非门 CC4012	1
2	IC_2、IC_3	十进制同步计数器 74LS160	2
3	IC_4、IC_5	4 线-7 线显示译码器 74LS48	2
4	DS_1、DS_2	数码显示器 LG3611AH	2
5	印制电路板	85mm * 80mm	1

六、任务测评

任务测评表如表 2-4-5 所示。

表 2-4-5　任务测评表

知识与技能（70 分）				
序号	测评内容	组内互评	组长评价	教师评价
1	能理解秒计数器的电路图，并进行解释（30 分）			
2	能根据秒计数器的电路图组装套件（20 分）			
3	能完整做出秒计数器且功能正常（20 分）			
基本素养（30 分）				
1	无迟到、早退及旷课行为（10 分）			
2	具有自主学习与团队协作能力（10 分）			
3	注意安全、操作规范（10 分）			
综合评价				

七、巩固与练习

（一）基础巩固

请简述制作秒计数器的步骤。

（二）能力提升

（1）总结装配、调试的制作经验和教训并与同学分享。

（2）若 74LS48 的 $\overline{CR}=0$ 时，则对计数器工作状态的影响是什么？

模块五

脉冲波形的产生与变换

在数字电路中，需要各种不同频率、有一定宽度和幅度的矩形脉冲信号，如时钟脉冲信号CP、控制过程中的定时信号等。获得矩形脉冲信号的方法通常有两种：一种是用脉冲振荡器直接产生；另一种是用整形电路把已有的不理想的信号波形变换成所需要的脉冲波形。

第一单元 常见脉冲产生电路

一、单元导入

目前脉冲波形产生与变换的具体电路很多，可由分立元件构成，也可由门电路或555定时器构成。通过本模块的学习与训练，掌握集成门电路和555时基电路组成的脉冲产生和整形电路及相应的集成电路产品的使用。

二、单元目标

（一）知识目标

（1）了解脉冲波形的主要参数及常见脉冲波形。
（2）理解多谐振荡器的工作特点和基本功能。

（二）技能目标

会用示波器观测多谐振荡器的振荡波形，用频率计测试振荡频率。

（三）素养目标

（1）激发学生学习的积极性。
（2）培养学生良好的职业道德。

三、知识链接

（一）脉冲

一种瞬间突变、持续时间极短的电压或电流信号称为脉冲。它的变化类型有周期性变化的，也有非周期性或单次的。脉冲信号有正、负之分，如果脉冲跃变后的值比初始值高，则为正脉冲；反之为负脉冲。

矩形脉冲信号发生器电路如图 2-5-1（a）所示。反复接通和断开开关 S，在电阻 R_1 上得到的输出电压 u_o 的波形就是一串矩形脉冲波，其波形如图 2-5-1（b）所示。

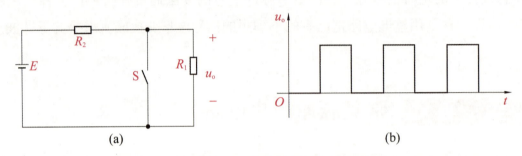

图 2-5-1　矩形脉冲信号发生器

（a）矩形脉冲信号发生器电路；（b）矩形脉冲波波形

（二）多谐振荡器

多谐振荡器是一种矩形波产生电路，这种电路不需要外加触发信号，便能产生一定频率和一定宽度的矩形脉冲信号，常用作脉冲信号发生器。在多谐振荡器工作时，电路的输出在高、低电平间不停地翻转，没有稳定的状态，所以又称为稳态触发器。

1. 集成门电路组成的多谐振荡器

（1）电路组成。

由两个非门连接成的 RC 耦合正反馈电路，就是一个常用的非门电路多谐振荡器，如图 2-5-2 所示。RC 的另一个重要作用是组成定时电路，决定多谐振荡器的振荡频率和脉冲宽度。

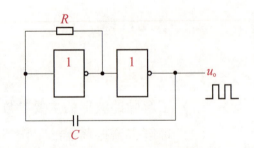

图 2-5-2　非门电路多谐振荡器

（2）振荡周期的估算。

矩形脉冲信号的振荡周期是由电容充、放电时间决定的，可按下式进行估算

$$T \approx 1.4RC \tag{2-5-1}$$

在实际应用中，常通过调换电容 C 的容量来粗调振荡周期。通过改变电阻 R 的值来细调振荡周期，使电路的振荡频率达到要求。

由门电路和 RC 元件等组成的多谐振荡器，其输出信号的幅值稳定性好，但振荡频率易受温度、元件性能、电源波动等因素的影响，只能使用在对振荡频率稳定性要求不高的场合。

在对频率稳定性要求较高的数字电路中,都要求采用脉冲频率十分稳定的石英晶体多谐振荡器。

2. 石英晶体多谐振荡器

RC 耦合多谐振荡器中,由于定时元件 R、C 的精度不是很高,且其参数易受外界环境的影响,故振荡频率的准确性不是很高。为了获得高精度和高稳定性的脉冲信号源,可选用由石英晶体谐振体构成的石英晶体多谐振荡电路,如图 2-5-3 所示。

当信号频率与石英晶体固有的谐振频率相等时,其阻抗为 0,使该信号容易通过并形成正反馈,产生振荡。而对其他频率,石英晶体呈现高阻抗,此时正反馈的路径被切断,不能起振。因此,振荡器输出矩形脉冲信号的频率就等于石英晶体的谐振频率,与电路其他元件参数无关。

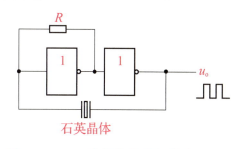

图 2-5-3　石英晶体多谐振荡电路

石英晶体的温度系数很小,振荡频率稳定,常用于电子设备的基准时间信号,如电话机拨号、电路手机的微处理器芯片、计算机的微处理器芯片、各种电子设备的频率合成器芯片中。在选购石英晶体时,除市场供应的常规产品外,还可按实际应用要求,定制石英晶体的频率及有关参数。

四、巩固与练习

(一) 基础巩固

1. 填空题

在实际应用中,常通过调换_____来粗调振荡周期,通过改变_____来细调振荡周期,使电路的振荡频率达到要求。

2. 选择题

多谐振荡器是一种自激振荡器,能产生(　　)。

A. 矩形脉冲波　　　B. 三角波　　　C. 正弦波　　　D. 尖脉冲

(二) 能力提升

1. 什么是多谐振荡器?主要有几种类型?
2. 石英晶体多谐振荡器的主要优点是什么?

第二单元　时基电路的应用

一、单元导入

555 时基电路（又称 555 定时器）是中规模单片集成电路。它具有功能强、使用灵活、适用范围宽的特点。通常只需外接少量阻容元件，就可以方便地组成施密特触发器、单稳态触发器和多谐振荡器等应用电路，在工业控制、定时、仿声、电子乐器等诸多领域有着广泛的应用。

二、单元目标

（一）知识目标

（1）了解 555 时基电路的引脚功能和逻辑功能。

（2）了解 555 时基电路在生活中的应用实例。

（二）技能目标

会用 555 时基电路搭接多谐振荡器、单稳态触发器、施密特触发器。

（三）素养目标

（1）提高学生灵活运用知识的能力。

（2）培养学生团队合作的意识、能力。

三、知识链接

（一）555 时基电路

1. 电路组成

555 时基电路采用 8 脚双列直插式封装，其产品的型号繁多，但它们的电路结构、功能及外部引脚排列都基本相同。555 时基电路内部电路如图 2-5-4（a）所示。

555 时基电路主要由电阻分压器、电压比较器、基本 RS 触发器、输出端缓冲器和开关管等部分组成，其功能分别如下。

电阻分压器——在输入端，由 3 个阻值为 5 kΩ 的电阻串联组成。该电路名称 555 时基电路因此得名。

电压比较器——集成运放 C_1、C_2 是两个电压比较器，每个比较器有两个输入端，分别为"+""–"。若用 U_+、U_- 表示输入的电压，则当 $U_+>U_-$ 时，输出为高电平；当 $U_+<U_-$ 时，输出为低电平。

基本 RS 触发器——由两个与非门组成，比较器 C_1、C_2 输出的高、低电平控制触发器的状态，$\overline{R_D}$ 端是外部直接置 0 端。

输出缓冲器和开关管——输出缓冲器是接在输出端的反相器非门 G_3，作用是提高带负载能力和隔离负载对电路的影响；开关管是根据基本 RS 触发器的状态控制电路导通、截止的三极管 VT。

2. 引脚功能

555 时基电路引脚排列如图 2-5-4（b）所示。其外部引脚功能如表 2-5-1 所示。

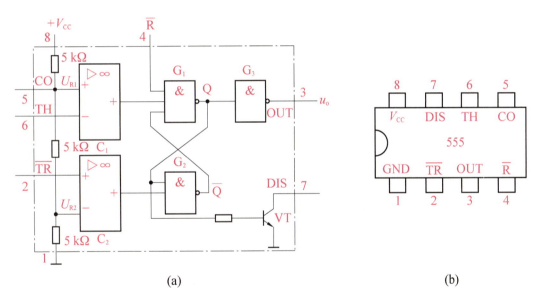

图 2-5-4　555 时基电路

（a）内部电路；（b）引脚排列

表 2-5-1　555 时基电路外部引脚功能

类别	引脚	符号	名称	引脚功能
输入端	2	$\overline{TR}$	触发端	当该引脚电位 $<\frac{1}{3}V_{CC}$ 时，第 3 引脚输出为高电平
	4	$\overline{R}$	复位端	当 $\overline{R}=0$ 时，第 3 引脚输出为低电平
	5	CO	控制电压端	当 CO 端悬空时，参考电压 $U_{R1}=\frac{2}{3}V_{CC}$，$U_{R2}=\frac{1}{3}V_{CC}$；当 CO 端外加电压时，可改变比较器 C_2、C_1 的基准电压
	6	TH	阈值输入端	该其引脚电位 $>\frac{1}{3}V_{CC}$ 时，第 3 引脚输出为低电平

续表

类别	引脚	符号	名称	引脚功能
输出端	3	OUT	输出端	最大输出电流达 200 mA，可与 TTL、MOS 逻辑电路或拟电路相配合使用
	7	DIS	放电端	当 RS 触发器的 Q 端为高电平时，开关 VT 截止；为低电平时，开关管 VT 导通
电源	8	V_{CC}	电源端	电源在 4.5~18 V 范围内均能工作
	1	GND	接地端	

3. 逻辑功能

表 2-5-2 为 555 时基电路功能。

表 2-5-2　555 时基电路功能

输入			输出	
$\overline{R}$	U_{TH}	$U_{\overline{TR}}$	U_O	VT 的状态
0	×	×	0	导通
1	$>\dfrac{2}{3}V_{CC}$	$>\dfrac{1}{3}V_{CC}$	0	导通
1	$<\dfrac{2}{3}V_{CC}$	$>\dfrac{1}{3}V_{CC}$	保持原状态不变	不变
1	$<\dfrac{2}{3}V_{CC}$	$<\dfrac{1}{3}V_{CC}$	1	截止

在实际应用中，应避免当 $U_{TH}>\dfrac{2}{3}V_{CC}$，$U_{\overline{TR}}<\dfrac{1}{3}V_{CC}$ 时的电路状态，因为此时电路的工作状态不确定。

职教高考模拟题

555 时基电路芯片引脚的个数是（　　）。

A. 10　　　　B. 8　　　　C. 5　　　　D. 3

（二）555 时基电路应用——组成多谐振荡器

1. 电路组成

图 2-5-5（a）为由 555 时基电路组成的多谐振荡器电路。多谐振荡器的定时元件外接电阻 R_1、R_2 和电容 C。

2. 工作原理

设电路中电容两端的初始电压为 0，当 $U_{\overline{TR}}=u_C<\dfrac{1}{3}V_{CC}$ 时，输出端为高电平，此时 $u_O=V_{CC}$，

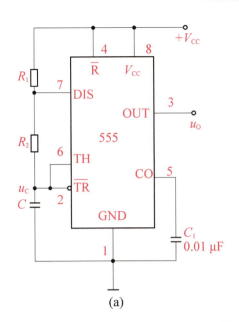
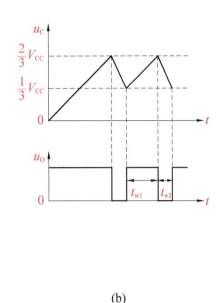

图 2-5-5　由 555 时基电路组成的多谐振荡器

（a）电路；（b）振荡波形

放电端断开。随着时间的增加，电源 V_{CC} 通过电阻 R_1、R_2 对电容 C 充电，使 u_C 逐渐升高。当 $\frac{1}{3}V_{CC} < u_C < \frac{2}{3}V_{CC}$ 时，电路仍保持原态，输出保持为高电平。

随着电容充电，u_C 继续升高，当 $u_C > \frac{2}{3}V_{CC}$ 时，电路状态翻转，输出为低电平，$u_O = 0$。此时放电端导通，电容 C 通过放电三极管 VT 放电，使 u_C 逐渐下降。当 $u_C < \frac{1}{3}V_{CC}$ 时，电路状态翻转，输出为高电平，放电端断开，电容 C 又开始充电，重复上述过程从而形成振荡，输出电压为连续的矩形波。电容电压 u_C 和输出电压 u_O 波形如图 2-5-9（b）所示。

3. 输出脉冲周期

电容 C 充电形成的第 1 暂稳态时间 $t_{w1} = 0.7(R_1 + R_2)C$。

电容 C 放电形成的第 2 暂稳态时间 $t_{w2} = 0.7R_2C$。

所以，电容 C 充、放电形成的电路输出脉冲周期 $T = t_{w1} + t_{w2} = 0.7(R_1 + 2R_2)C$。

四、巩固与练习

（一）基础巩固

（1）555 时基电路主要由_____、_____、_____、_____和_____组成。

（2）555 时基电路是因输入端设计有 3 个_____而得名。

（二）能力提升

555 时基电路是中规模集成电路，它一般只能用作电路的时间控制。（　　）

技能实训　555 时基电路的应用

一、任务目标

（一）知识目标

(1) 熟悉 555 型集成时基电路结构、工作原理及其特点。
(2) 会根据电路图绘制电路安装连接图。
(3) 掌握 555 时基电路的基本调试和测量方法。

（二）技能目标

(1) 会用 555 时基电路制作声光报警器。
(2) 学习 555 时基电路的应用，提高综合应用能力。

（三）素养目标

(1) 培养学生认真细致的工作、学习态度。
(2) 培养学生的团队协作意识。

二、任务要求

声光报警器是一种防盗装置，在有情况时它通过指示灯闪光和蜂鸣器鸣叫，同时报警。要求指示灯闪光频率为 1~2 Hz，蜂鸣器发出间隙声响的频率约为 1 000 Hz，指示灯采用发光二极管，其电路如图 2-5-6 所示。

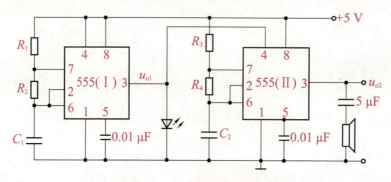

图 2-5-6　声光报警器电路

(1) 根据课题要求，掌握推荐电路的工作原理，验算已确定的电路元件参数。
(2) 将各元件按图 2-5-6 在路板上进行焊接。

（3）将焊接安装好的成品进行调试。即按电路接线无误后，接通电源。观察指示灯的闪烁和倾听蜂鸣器的鸣叫声，直到符合要求为止。

（4）用示波器观察输出波形。

三、任务器材

直流稳压电源 1 只、指针万用表 1 只、示波器 1 只、焊接工具 1 套、声光报警器套件 1 套。

四、任务实施

（1）根据电路图（图 2-5-6）在印制电路板上插装套件。
（2）焊接声光报警器电路。
（3）调试声光报警器电路。
（4）用万用表测量输入、输出电压值。
（5）用示波器观察并绘制 555（Ⅰ）的 3 引脚、555（Ⅱ）的 3 引脚的电压波形。

五、知识链接

（一）555 定时器

555 定时器是一种结构简单、使用方便灵活、用途广泛的多功能电路，只要外部配接少数几个阻容元件便可组成施密特触发器、单稳态触发器、多谐振荡器等电路。它也常作为定时器广泛应用于仪器仪表、家用电器、电子测量及自动控制等方面。555 定时器是美国 Signetics 公司于 1972 年研制的用于取代机械式定时器的集成电路，因输入端设计有 3 个 5 kΩ 的电阻而得名。555 定时器是一种模拟和数字功能相结合的中规模集成器件。一般用双极型工艺制作的称为 555，用 CMOS 工艺制作的称为 7555，除单定时器外，还有对应的双定时器 556/7556。

555 定时器的电压范围宽，双极型 555 定时器电压范围为 5~16 V，7555 定时器电压范围为 3~18 V。可提供与 TTL 及 CMOS 数字电路兼容的接口电平。555 定时器还可以输出一定的功率，可驱动微电机、指示灯、扬声器等。

（二）电位器

电位器是具有 3 个引出端，阻值可按某种变化规律调节的电阻元件。电位器通常由电阻体和可移动的电刷组成。当电刷沿电阻体移动时，在输出端即获得与位移量成一定关系的电阻值或电压。电位器既可作三端元件使用也可作二端元件使用，后者可视作可变电阻器。

电位器是可变电阻器的一种。通常是由电阻体与转动或滑动系统组成，即靠一个动触点在电阻体上移动，获得部分电压输出。

电位器的作用是调节电压（含直流电压与信号电压）和电流的大小。

电位器的结构特点：电位器的电阻体有两个固定端，通过手动调节转轴或滑柄，改变动触点在电阻体上的位置，即改变了动触点与任意一个固定端之间的电阻值，从而改变了电压与电流的大小。

（三）蜂鸣器

蜂鸣器是一种一体化结构的电子讯响器，常见蜂鸣器样式如图 2-5-7 所示，采用直流电压供电，广泛应用于计算机、打印机、复印机、报警器、电子玩具、汽车电子设备、电话机、定时器等电子产品中作发声器件。蜂鸣器在电路中用字母"H"或"HA"（旧标准用"FM""LB""JD"等）表示。

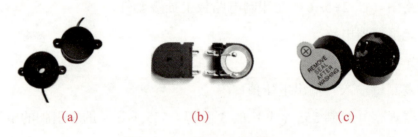

图 2-5-7　常见蜂鸣器样式
(a) 压电式有源蜂鸣器；(b) 压电式无源蜂鸣；(c) 电磁式蜂鸣器

蜂鸣器主要分为压电式蜂鸣器和电磁式蜂鸣器两种。

1. 压电式蜂鸣器

压电式蜂鸣器主要由多谐振荡器、压电蜂鸣片、阻抗匹配器及共鸣箱、外壳等组成。有的压电式蜂鸣器外壳上还装有发光二极管。其中多谐振荡器由晶体管或集成电路构成。当接通电源后（1.5~15 V 直流工作电压），多谐振荡器起振，输出 1.5~2.5 kHz 的音频信号，阻抗匹配器推动压电蜂鸣片发声。压电蜂鸣片由锆钛酸铅或铌镁酸铅压电陶瓷材料制成。在陶瓷片的两面镀上银电极，经极化和老化处理后，再与黄铜片或不锈钢片黏在一起。

2. 电磁式蜂鸣器

电磁式蜂鸣器由振荡器、电磁线圈、磁铁、振动膜片及外壳等组成。接通电源后，振荡器产生的音频信号电流通过电磁线圈，使电磁线圈产生磁场。振动膜片在电磁线圈和磁铁的相互作用下，周期性地振动发声。

六、任务测评

任务测评表如表2-5-3所示。

表2-5-3 任务测评表

知识与技能（70分）				
序号	测评内容	组内互评	组长评价	教师评价
1	555时基电路的引脚功能、逻辑功能（20分）			
2	能够正确根据电路图搭接电路（30分）			
3	能够通电试机、调整警鸣声（20分）			
基本素养（30分）				
1	无迟到、早退及旷课行为（10分）			
2	具有自主学习与团队协作能力（10分）			
3	注意安全、操作规范（10分）			
综合评价				

七、巩固与练习

（一）基础巩固

（1）555时基电路制作声光报警器的电路中，电位器的作用是什么？

（2）蜂鸣器有哪两种类型？

（二）能力提升

（1）请简述制作声光报警器的步骤。

（2）总结装配、调试的制作经验和教训并与同学分享。

参考文献

[1] 杜德昌. 电工电子技术与技能 [M]. 3版. 北京：高等教育出版社，2019.
[2] 蔡永超，宋海须. 电工电子技术与技能 [M]. 北京：中国农业出版社，2018.
[3] 程学忠. 电子技术基础与实践 [M]. 济南：山东科学技术出版社，2020.
[4] 张金华. 电子技术基础与技能 [M]. 北京：高等教育出版社，2010.
[5] 贾建平，刘辉. 电工电子技术 [M]. 武汉：华中科技大学出版社，2014.